매일 피부가 새로워지는

화장품

다이어트

거울 볼 때마다 기분 좋게 만드는 화장품 미니멀리즘
매일 피부가 새로워지는 화장품 다이어트

초판 1쇄 인쇄 2022년 10월 24일
초판 1쇄 발행 2022년 11월 1일

지은이 오필(김주희)

발행인 백유미 조영석
발행처 (주)라온아시아
주소 서울특별시 서초구 효령로34길 4, 프린스효령빌딩 5F

등록 2016년 7월 5일 제 2016-000141호
전화 070-7600-8230 **팩스** 070-4754-2473

값 17,000원
ISBN 979-11-92072-97-5 (03590)

매일 피부가 새로워지는

화장품 다이어트

오필(김주희) 지음

RAON BOOK

프롤로그

화장품에 대한 바른 생각 캠페인!

딸아이와 같이 쓰는 화장품 브랜드를 론칭하면서부터 저는 '화장품에 대한 바른 생각 캠페인'을 실천하고 있습니다. 아이와 같이 쓸 화장품을 기획하고 만들다 보니 화장품에 대한 효능과 기능이 과대 포장되어 있다는 것을 느끼게 되었습니다. 그래서 화장품을 구입하는 소비자들에게 화장품을 바르게 사용하는 법을 알리고 싶어서 이 책을 집필하게 되었습니다.

'화장품을 바르게 사용하는 법'이라는 것은 화장품을 사용하는 루틴 순서를 이야기하는 것이 아닙니다. 화장품을 과하지 않게 사용하고 피부가 건강해져 제 역할을 할 수 있도록 하는 방법입니다.

저는 2013년에 40만 명 정도의 회원을 두고 있는 맘 카페에서 화장품을 소개하고 판매했습니다. 꽤 인기가 있었던 판매자로, 화장품 공동구매를 진행하면서 많은 엄마들의 인정을 받는 화장품을 판매했지만, 아이러니하게도 제 딸의 피부는 너무나도 연약했고 소위 보기에 좋지 않았습니다.

20대 시절에 피부과 등의 병원에서 피부를 상담해 주는 일을 해 왔기에 화장품을 잘 바르면 예뻐지고 피부가 좋아진다고 굳게 믿고 있었습니다. 좋다고 하는 유명하고 비싼 화장품을 아이에게 발라주었지만 그럴수록 딸의 피부는 더 예민해지기만 할 뿐이었습니다.

그러던 어느 날, 신생아 시기였던 아이의 목욕을 끝낸 후 정신이 없어 화장품 발라주는 것을 깜박했습니다. 그런데 화장품만 발라주면 붉어지던 볼이 오히려 화장품을 바르지 않으니 아무렇지도 않았던 것을 발견하게 되었습니다. 지금껏 내가 믿어 왔던 화장품에 대한 배신감을 느끼게 되는 순간을 맞이하게 된 것이죠.

지금 생각하면 아이에게는 미안하지만, 저는 화장품 판매자였기에 직업적인 궁금증과 더불어 딸에게 꼭 맞는 제품을 찾아주고 싶었습니다. 인터넷을 뒤지고 맘 카페를 뒤져서 이것저것 많은 화장품을 발라주고 실험해 가며 아이에게 잘 맞는 성분을 찾아냈습니다. 이런 일들이 기반이 되어 '마더스프(Mother's Promise)'라는 화장품 브랜드까지 론칭하게 되었습니다.

마더스프를 론칭한 후에도 딸의 성장 과정을 보며 아이들의 피부에 화장품이 어떤 역할을 하고 있는지를 자연스럽게 알 수 있었습니다. 그 무렵 우리 딸에게는 찰떡처럼 잘 맞는 화장품 성분이었던 '알로에베라잎' 추출물에도 알레르기 반응을 보이는 일부 아이들이 있다는 사실을 발견하며, 화장품 성분 또한 개인에 따라 차이가 있다는 사실 또한 알게 되었습니다.

그렇게 저는 한 대학교의 아토피를 연구하는 연구진과 함께 아토피에 효과가 있는 화장품을 개발하기 위해 연구를 시작했습니다. 그 과정에서 아토피와 알레르기와의 관계 그리고 면역력과의 관계 등 화장품 회사에서 절대 알려주지 않는 많은 사실들을 깨닫게 되었습니다. 문제성 피부(아토피, 건조함, 여드름)가 나타나게 되는 원인을 모두 하나로 규정지을 수는 없지만, 그래도 성장 발달에 따라 잘 관리하면 면역력의 증진과 함께 피부도 건강해질 수 있다는 것을 이 책에서 이야기하고 싶습니다.

우리 몸의 기관 중 하나인 피부는 원래 건강하다고 표현해야 하는 것이 맞는다고 생각합니다. 하지만 요즘엔 '피부가 하얗다', '피부가 좋다', '피부가 안 좋다' 등 피부에 대한 많은 표현이 오직 보이는 관점인 심미적 관점에 치중되어 있다는 생각이 듭니다. 그 이유는 화장품 회사들의 무분별한 광고도 한몫을 차지하고 있다고 봅니다.

이 책을 통해 우리가 아침부터 저녁까지 얼마나 많은 화장품 광고를 보며 왜곡되게 피부를 바라보고 있는지 생각해 볼 수 있는 시간이 되었으면 좋겠습니다. 저 또한 무분별한 화장품 광고들로 인해 피부에 대해 한참 잘못된 생각을 하고 있었습니다. 화장품 광고를 보고 화장품을 열심히 바르는 것보다 더 중요한 것들에 대한 이야기들을 이 책에 담았습니다.

이 책은 제가 지난 20여 년 동안 저의 고객님들께 올바른 화장품 사용법을 알려드리고 피부에 대한 고민을 들어드리며, 근본 원인을 파악해 각자 피부 타입에 맞는 제품을 사용할 수 있도록 안내해 드렸던 경험을 바탕으로 집필했습니다. 피부가 건강하다면 보기에도 아름답고 예쁩니다. 건강한 피부를 위한 화장품 바르게 바르기! 그 바로미터에 엘이 엄마 오필이 있습니다.

어느 새벽에

오필

차 례

프롤로그 화장품에 대한 바른 생각 캠페인! 4

화장품, 바르게 바르자

세상에 나쁜 화장품은 있다 15
피부의 최대 적은 자본주의다 25
우리는 왜 유독 화장품에 관대할까 34

2장

화장품 회사가 알려주지 않는 '팩트'

정해진 피부 타입은 없다 43

'아토피'는 최고의 흥행 메이커다 50

자연 유래 성분 99% 함유량에 상술이 있다 61

화장품 가격 책정의 1등 공신은 누구일까 69

연예인, 인플루언서의 후기는 믿는 자에게만 보인다 79

3장

바른 화장품, 바르게 고르고 바르게 바르는 법

판매자 말고 구매자의 입장에서 구입하라 91

최고의 화장품은 '잘 먹고 잘 자고 잘 노는 것'이다 98

피부에는 인생이 담겨 있다 104

아토피 아이에게 가장 중요한 것은 환경이다 112

하나만 발라도 충분하다 121

화장품에 대한 인식의 대전환이 필요하다 129

천연 화장품은 출신 성분을 따져라 137

마음도 눈도 피부도 편한 선크림 146

생애 주기별 피부 관리 노하우

화장품은 생애 발달 주기에 맞춰 고르자 159
'건강한 피부'는 태아기 뇌 발달에서 시작된다 167
아기에게 꼭 필요한 화장품은 엄마 품이다 175
피부 장벽의 기초 체력은 유아기 때 만들어진다 182
청소년기 피부 관리의 핵심은 유분 관리다 190
20대가 피부에는 가장 혹독한 때다 196
중년 여성의 피부는 호르몬과 동행한다 202
노년기, 보습제가 빛을 발하는 시기다 207

5장

자연재생, 자기 치유의 힘으로 되찾은 피부 건강

신생아 태열은 시원하게 해주면 낫는다 215
알레르기가 올라오면 명탐정 코난이 되자 221
식물성 천연 성분은 바이러스를 막는 골키퍼다 231

부록 화장품 다이어트, 그것이 궁금하다 243

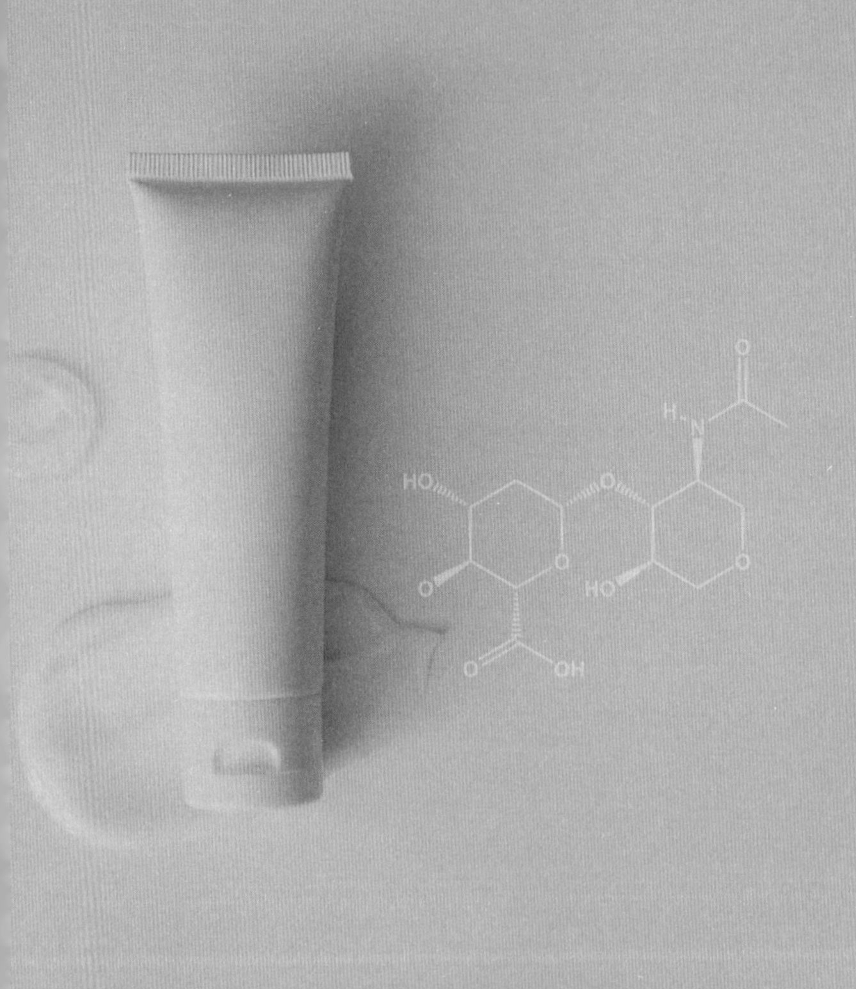

1장

화장품,
바르게
바르자

세상에 나쁜 화장품은 있다

젊어진 모습은 편집된 영상일 뿐 실제가 아니다

오랜만에 만난 삼촌이 나에게 한 동영상을 보여주며 물었다.

"진짜 이렇게 될까?"

나는 삼촌의 스마트폰을 건네받아 재생되는 영상을 시청했다. 60대 정도 된 한 외국인 여자가 매일 아침 지극정성으로 화장품을 바르는 모습이 빠른 화면으로 편집된 영상이었다. 그리고 '30일 후'라는 자막과 함께 그 여인이 10년 정도 젊어진 모습으로 환하게 웃는다.

나는 삼촌과 비교적 친하게 지내서 그 영상을 보자마자 곧바로 물었다.

"삼촌, 이런 영상을 진짜 믿으세요?"

그날 내가 접한 동영상은 내가 보기에는 더 이상 생각할 가치도 없는 포토샵 사기 영상이었다. 하지만 삼촌은 연세가 지긋하셔서 그랬는지, 정말 세상이 좋아졌다고 생각해서 그랬는지 그 영상을 믿었다고 했다. 나는 그다음에 이어지는 삼촌의 말을 듣고 더더욱 분노했다. 그 영상을 보내준 사람이 미국에 살고 있는 삼촌의 친구이며 삼촌에게 화장품 사업을 같이 하자고 권유했다는 사실 때문이었다.

그 친구는 이렇게나 효과가 좋은 아이템이니 사업만 시작하면 분명 성공할 거라고 했단다. 삼촌 역시 친구가 권한 아이템을 '대박 아이템'이라고 생각했지만, 혹시 몰라서 화장품 사업을 오랫동안 하고 있는 나에게 물어보고 결정하려고 했다는 것이다.

●● 화장품에 마법 같은 능력은 '없다'

나는 살면서 가끔 이런 일을 '당하곤' 한다. 내가 '당한다'라고 표현한 이유가 있다. 주변 지인들이 너무 얼토당토않은 화장품 광고를 진실인 양 나에게 물어와서, 그 제품을 기획한 사람이나 회사에 대한 '분노'가 차오르기 때문이다. 내가 의도한 것은 아니지만 이렇게 '분노를 유발당하는' 사건들을 마주할 때면, 소비자를 우롱하는 이들의 모습에 어찌할 바를 모르겠다.

단언컨대, 내가 지난 20년 동안 화장품을 사용하고 판매하고 만들어본 결과 화장품에 그런 마법 같은 능력은 '없다'. 아무리 고가의 화장품일지라도, 화장품에는 지나간 시간을 되돌려주는 능력이 없다.

삼촌이 나에게 보여준 영상은 젊어지고 싶거나 예뻐지고 싶은 사람들의 욕구를 자극하기 위해 편집한 영상에 불과하다. 특히 과도하게 깊게 파인 주름을 펴주는 영상은 절대 믿어서는 안 된다. 깊게 팬 주름은 오랫동안 쓰인 피부의 근육층이 파이면서 생기는 것이다. 화장품은 대부분 물로 이루어져 있기 때문에 오직 화장품만으로 파인 근육층을 채워넣는 것은 상식적으로도 과학적으로도 어려운 일이다.

●● 보톡스의 유효 기간은 단 6개월이다

파인 주름을 드라마틱하게 펴주거나 채워주는 것은 오직 시술뿐이다. 보톡스는 보톨리눔 톡신을 정제해 만든 균에서 추출한 단백질을 파인 근육층에 넣는 것이다. 일시적으로 팽팽하게 해서 그동안 많이 쓰인 근육을 쉬게 해주는 역할을 한다.

보톡스의 원리는 상한 우유가 부풀어오르는 원리와 같다. 보톡스의 유효 기간은 3~6개월 정도이며, 그 시간이 지나면 피부는 다시 제자리로 돌아가 주름이 파인다. 좋게 말하면, 보톡스는 6개월 동안 근육이 쉬는 시간을 벌어주는 것이다.

물론 효과가 단기간 발휘될지라도 피부 시술을 원하는 사람들은 있다. 그러나 어디까지나 화장품 및 시술의 기능이나 효과를 정확하게 알고 화장품을 사용하거나 시술을 받아야 한다. 특히 시술을 받으려면 의사와 반드시 상의해야 한다. 피부에 즉각적이고 드라마틱한 효과가 나타나는 만큼 언제나 부작용의 위험이 따른다는 것도 잊어서는 안 된다.

그에 비해 화장품은 조금 더 가볍게 접근해서 피부 관리에 도움을 줄 수 있다. 하지만 시술처럼 화장품을 바르자마자 주름이 펴지는 등의 즉각적인 효과를 기대해서는 안 된다. 화장품은 말 그대로 피부를 관리하는 데 도움을 주는 것뿐이다. 하지만 많은 사람들이 화장품을 바르면 자신의 피부에 드라마틱한 효과가 일어날 것을 기대하며 화장품을 구입한다.

그뿐만 아니라 화장품 산업이 고도로 발달하면서 많은 기업들은 화장품을 팔기 위해 온갖 상술로 소비자들을 현혹하기도 한다. 예를 들어 고가의 제품이라고 광고하지만 뛰어난 성분이 들어 있기는커녕 피부에 오히려 독이 될 수 있는 성분이 잔뜩 들어 있는 화장품도 더러 있다.

나는 이 책을 읽고 소비자들이 화장품의 효능을 제대로 알고 화장품을 사용하기를 원한다. 화장품을 올바르게 사용하는 일은 매우 중요하다. 아무리 좋은 제품이라도 자기 피부에 맞지 않으면 오히려 피부에 독이 될 수도 있기 때문이다.

비즈니스 목적이 더 강한 화장품

미(美)에 대한 열망 때문인지 젊음에 대한 욕구 때문인지 어쨌든 현재 화장품 산업의 규모는 4,000억 달러에 달할 정도로 후끈 달아오르고 있다. 이에 화답하듯 SNS 마케팅, 영상 기술 등의 화장품 광고도 날로 발전하고 있고, 많은 기업들과 사람들은 화장품을 비즈니스 도구로 많이 활용하고 있다.

안타까운 것은 화장품을 오직 돈을 버는 도구로만 사용하는 사람들이나 기업들도 있다는 것이다. 미에 대한 대중들의 욕구를 충족하기 위해 텔레비전과 SNS에서는 매일 백옥 같은 피부의 모델들이 나와서 모든 사람들에게 화장품을 소비하며 자신과 같은 피부 미인이 될 것을 부추긴다.

나는 여기서 소비자들에게 꼭 생각해 보라고 권하는 질문이 있다. 텔레비전이나 SNS 영상에 나오는 백옥 같은 피부의 소유자들이 과연 오직 화장품 하나만 바르고 그런 피부를 유지할 수 있을까? 광고 촬영 동안 얼마나 많은 조명이 사용되었을지, 얼마나 많은 메이크업 아티스트나 스타일리스트가 함께하고 있었을지 꼭 생각해 보라. 과연 조명 하나 없이 촬영되었을지 포토샵의 보정을 전혀 거치지 않았을지 생각해본다면, 일부 조작되어 백옥 같은 피부의 모델들이 보여주는 광고를 보고 화장품을 덥석 구매하는 일은 줄어들 것이다.

나는 화장품을 비즈니스 도구로 활용하는 것 자체를 나쁘게 생각하지 않는다. 나도 그 업으로 먹고 사는 사람 중 하나이기 때문이기도 하고 선한 마음으로 좋은 화장품을 만드는 사람들도 있기 때문이다. 어떤 이들은 동물 실험이 없는 비건 화장품, 친환경 소재를 활용한 친환경 화장품 등을 개발해 돈을 넘어선 가치를 화장품을 통해 만들어낸다. 또 소비자들이 그런 의식 있는 행동에 함께 할 수 있도록 캠페인을 벌이기도 한다. 이런 의식 있는 행동으로 화장품 시장을 개척해 나가는 기업들을 보며 나도 많이 배운다.

그러나 문제는 화장품을 그저 돈으로만 생각하며 접근하는 일부 '업자'들에게 있다. 삼촌이 보여준 동영상처럼 이런 업자들의 모습을 확인할 때면 소비자의 한 사람으로서 분노가 차오르기도 하고 같은 업계에 있는 사람으로서 참 속이 상할 때가 있다. 그래서 소비자들이 화장품의 속사정과 진실을 정확히 알고 선택하기를 바라는 것이다. 요즘 소비자들은 취향이 확고해서 화장품 구입도 '덕질'의 일부가 될 만큼 화장품 소비가 하나의 문화 트렌드가 된 지 오래 되었지만, 그래도 자신의 피부에 독이 될지도 모르는 화장품이 어떤 경로와 어떤 재료로 만들었는지 정확히 알고 선택하기를 바란다.

부드러운 개입을 통해 타인의 선택을 유도한다는 뜻의 '넛지(Nudge)'라는 용어가 있다. 넛지는 '옆구리를 슬쩍 찌른다'는 뜻으로 강요하지 않고 유연하게 개입함으로써 바람직한 선택을 유도하는 방법을 말한다. 하지만 이러한 방식의 행동심리가 마케팅에 악용되기도 하는데, 화장품 광고에 그런 경우가 많다.

요즘 화장품 판매에 활용되는 마케팅 중에는 정보에 맞춰 소비자가 자연스럽게 제품을 선택할 수 있도록 유도된 광고가 많다. 그러다 보니 소비자들은 화장품 광고의 정보만 보고 정작 제품의 성분이나 함유량은 확인하지 않고 제품을 선택하는 경우가 많아졌다. 자신이 제공받은 정보를 보고 관련 효과를 많이 얻을 수 있을 것이라고 믿고 제품을 구매하는 소비자들도 많지만, 현실은 그렇지 않은 경우가 더 많다. 광고에서 전하는 정보는 정보일 뿐이고 제품에는 정보에 나와 있는 성분이 포함되지 않는 화장품들도 있다. 예를 들어 알로에 효능을 광고하고 정작 제품에는 알로에가 1%도 들어 있지 않는 경우가 이러한 사례인데, 광고는 그럴 듯하지만 제품의 품질은 좋지 않는 경우도 있다.

소비자를 우롱하는 나쁜 화장품

20대 시절, 병원에 의료기기를 판매하는 유통업체에서 아르바이트를 한 적이 있다. 그 기업에서는 외국 브랜드의 화장품을 수입해 병원에 유통하는 사업을 시작했는데, 나는 아르바이트를 하는 동안 화장품 사용 전후 사진에 포토샵 작업을 하라는 강요를 받았다. 물론 컴퓨터를 잘 못 다룬다는 이유로 그 아르바이트를 오래 하지는 못했지만, 당시 너무 어린 나이에 상술을 알아버린 충격은 꽤 오랫동안 내 머릿속을 떠나지 않았다. 사실 포토샵을 못 다룬다기보다는 사진 편집으로 거짓말을 하고 싶지 않아서 그만둔 것이었다.

당시 그 아르바이트를 하면서 '이렇게 조작된 사진을 믿는 사람이 있을까?'라며 의아해했는데, 화장품업계에 오래 있다 보니 그때 내가 봤던 사람들처럼 편집 기술을 이용해 제품을 판매하는 사람들도 있었고 또 그 결과물을 믿는 사람들도 많았다.

화장품 비즈니스로 20여 년간 화장품을 기획하고 판매해온 나는 감히 단언할 수 있다. "세상에 나쁜 화장품은 있다." 내가 생각하는 나쁜 화장품이란 소비자를 속이는 행위를 하는 화장품, 터무니없는 가격으로 판매되는 화장품이다. 소비자를 속이는 화장품은 대표적으로 광고로 효과를 조작하는 화장품이다. 조명과 포토샵 프로그램을 사용해 피부를 조작하고 마치 광고하는 화장품을 바르고 피부가 좋아진 것처럼 거짓말을 한다.

또는 광고하는 성분이 아예 들어 있지도 않는 경우도 있다. 분명 광고에서는 고가의 좋은 성분이 들어 있다고 하지만 화장품의 전성분에서는 찾아볼 수 없는 것이다. 이렇듯 나쁜 화장품은 대체적으로 과대 광고를 하고 그에 발맞춰 터무니없는 가격을 제시해 소비자들을 우롱한다.

●● 좋은 화장품의 정의는 무엇일까

나는 비즈니스적 접근보다는 피부의 건강을 더 생각하는 화장품을 좋은 화장품이라고 생각한다. 피부의 건강을 더 고려하는 화장품에는 연예인이 필요 없다. 화려한 케이스도 필요 없다. 많이 팔기 위해 치장하고 눈속임하지 않는다.

좋은 화장품이 세상에 나오기 위해서는 그 화장품을 만들어내는 기업의 역할이 더 중요하다. 화장품을 만들고 기획하는 사람은 화장품이 아름다운 피부를 만든다고 과대 광고를 할 것이 아니라, 화장품은 건강한 피부를 위한 보조적인 역할을 할 뿐이라는 점을 소비자에게 정확하게 알려야 한다. 이어서 화장품을 올바르게 사용하도록 안내하고 피부를 건강하게 유지할 수 있도록 하는 것이 화장품 제조 기업이 꼭 실천해야 할 일이다. 하지만 거의 모든 화장품 회사에서는 화장품의 역할을 제대로 설명하지 않는다. 그저 어떤 성분이 어떤 좋은 역할을 할 것이라는 기대감만 심어줄 뿐이다.

화장품은 절대 우리 피부를 드라마틱하게 변화시키지 못한다. 소비자들은 이 사실을 알고 화장품을 구입해야 한다. 화장품은 그저 우리 피부에 약간의 도움을 줄 뿐이라는 점을 알아야 한다. 이

말은 우리 피부 자체의 건강 상태가 매우 중요하다는 뜻이다.

좋은 화장품은 겉포장이 초라해 보여도 피부를 건강하게 만들어준다. 광고에 속지 말고 좋은 화장품을 만나는 일, 그것이 바로 내 피부를 건강하게 지키는 첫 번째 길이다.

피부의 최대 적은 자본주의다

●● 영국 소설가 헉슬리가 그린 '멋진 신세계'

영국의 의학박사이자 피부 과학, 의학 분야 저술 활동으로 유명한 몬티 라이먼(Monty Lyman)은 저서《피부는 인생이다》(제효영 역, 브론스테인, 2020)에서 영국의 소설가이자 비평가인 올더스 헉슬리(Aldous Huxley)의 소설《멋진 신세계》(Brave New World, 1932년 출간)의 한 부분에 주목한다. 라이먼 박사가 주목한 내용은 '세계국' 시민들이 인위적으로 영원히 젊음을 유지하고 서른 살 이상부터는 누구도 나이가 들고 있다는 사실조차 알아볼 수 없다는 대목이다.

헉슬리는 늙지 않는 세계국 시민들이 펑퍼짐하고 축 늘어진 중년의 외모를 끔찍하게 생각하는 모습을 그리고 있는데, 나는 이 구절을 읽으며 아이러니하게도 지금의 우리 사회를 떠올렸다. 흡사 여러 가지 의료 시술을 하거나 노화 방지를 위해 피나는 노력을 하며 '동안(童顔)'을 숭배하는 현재 우리 사회와 올더스 헉슬리가 그리는 '신세계'가 매우 비슷하다고 생각했기 때문이다.

언제부터인가 동안은 필수 요소가 되었다

언제부터 '동안'은 무조건 좋은 것이라고 믿게 되었을까? 화장품이나 의료 산업이 엄청난 규모에 이르고 또 이를 뒷받침하듯 미디어에서는 하루 종일 동안을 부추기고 동안이 당연한 것처럼 떠들어댄다.

미디어 속의 사람들은 젊어 보이는 모습을 과시하며 화장품이나 젊음과 관련된 상품을 동안의 비법으로 전달한다. 그 미디어를 접한 미디어 밖의 사람들은 자신도 젊어 보이고 싶어서 미디어 속의 '광고'를 무분별하게 받아들이게 된다. 미디어에 많은 시간을 투자하는 사람들은 자신도 모르게 '동안'은 무조건 좋은 것이고 제 나이만큼 보이는 것은 관리를 제대로 못 하는 사람이라는 이상한 믿음에 세뇌되고 있는 것은 아닐까?

자신의 나이보다 젊어 보이는 '동안'의 가장 필수 조건은 바로 '피부'다. 또 광고에서 온갖 정보를 접한 사람들은 '동안'이라는 잣대를 두고 자신의 피부와 다른 사람들의 피부를 평가하며 '동안'을 만들기 위해 어떤 시술을 받아야 하는지 어떤 화장품을 써야 하는지 매일 고민하며 갑론을박을 벌이기도 한다.

며칠 전 딸과 함께 박물관 앞 놀이터에서 그네를 타려고 기다리고 있었는데, 한 젊은 부부의 대화가 들렸다. 남편이 아내에게 선크림을 발랐냐고 물었는데 아내가 바르지 못했다고 하자 남편이 바로 이렇게 이야기했다.

"너, 그러다 기미 생긴다. 지금 네 나이부터 관리해야지."

이 말은 흡사 60대 정도 된 친정 엄마가 딸에게 하는 말처럼 들렸다. 이제 남녀노소 가리지 않고 '동안'이 아니면 불행한 것이라는 잘못된 생각이 머릿속에 박혀 있는 것은 아닌지 걱정스럽기도 하다.

피부는 겉으로 드러나 보이는 기관이기 때문에 사람들은 자신의 피부뿐 아니라 타인의 피부에까지 관심을 많이 기울인다. 그런데 안타까운 것은 자본주의가 발달할수록 사람들은 피부의 본래 기능인 촉각, 신체 보호, 체온조절 등보다 심미적 기능인 미용 쪽에 거의 모든 초점을 맞추고 있다는 점이다.

이 영향은 텔레비전을 포함한 대중매체의 탓이 크다. 방송국에서 송출하는 어마어마한 화장품 광고와 아침 방송 프로그램이 정보 전달을 구실로 피부와 미용에 관련된 홍보성 내용을 주기적으로 내보내기 때문이다. 그것뿐만이 아니다. 피부와 미용에 관련된 이슈는 교양 프로그램뿐 아니라 예능 프로그램에까지 침투해 있고, 사람들이 자주 보는 드라마에 PPL(Product PLacement, 영화나 드라마에 상품이나 브랜드 이미지를 소도구로 끼어넣는 광고 기법)의 형태로 간접 소개되는 일이 비일비재하다. 이런 정보의 홍수 속에서 소비자들은 아무런 필터 없이 미디어와 방송이 내보내는 홍보성 정보를 받아들이기 바쁘다. 그렇게 수동적으로 정보를 받아들이는 가운데 '동안'에 대한 절대적인 기준이 생긴다.

●● 사람은 누구나 당연하게 늙는다

노화를 거스르고 싶은 '동안'을 추종하는 사람들에게 몬티 라이먼 박사는 뼈 때리는 질문을 한다.

> 내부 장기는 다 썩어가기 시작하는데 외모는 영원히 서른 살 정도로 보인다면 (중략) 세계국 시민들은 나이 드는 현상에 분개해야 한다고 배운다. 그리고 절대 죽지 않을 것처럼 살아간다. 주름은 '치료'되어야 하는 문제일까? 아니면 나이를 어떻게 바라봐야 하는지에 관한 사회적 논의가 이루어져야 할까? 인생이 마감되고 죽음이 찾아오는 일이 절대 일어나지 않을 것처럼 돌아가는 세상에서는 피부가 우리에게 죽음과 맞서 싸우라고 종용한다.
>
> – 몬티 라이먼, 《피부는 인생이다》, 제효영 역, 브론스테인, 2020

나도 40대를 맞이하고 나서부터는 노화를 실감하고 있다. 사실

아이를 출산하고 나서 몸의 노화를 가장 많이 느꼈다. 요즘에도 계속 노화를 느끼며 살아가고 있다. 나는 머리숱도 많고 새까만 건강한 모발을 부모님께 물려받았는데, 요즘에는 머리카락 사이에서 흰머리를 하나둘 발견하곤 한다. 처음 흰머리를 발견했을 때 심장이 덜컹하는 느낌이 들었다. 하지만 흰머리를 뽑지 않고 의도적으로 감사하게 생각했다. 이렇게 자연스러운 흰머리가 날 때까지 건강하게 사랑하는 사람들과 숨 쉬며 살아있음에 감사했다.

'동안'을 숭배하는 현대 사회에서 '노화'를 기분 좋게 받아들일 사람은 없을 것이다. 사람들의 머릿속에 '동안'은 곧 '젊음'이고 '노화'는 곧 '죽음'과 연결되기 때문이다. 하지만 죽지 않는 사람은 없지 않은가?

최근 칠순이 되신 시아버님은 이런 말씀을 하셨다.

"내가 너희만 할 때는 내가 정말 젊다는 것을 느끼지 못했다. 그때가 정말 좋았다는 것을 느끼지 못했다."

70대 시아버님 입장에서는 40대인 우리 나이가 너무 젊고 너무 좋은 때라고 느끼시는 것이다. 시아버님은 다른 70대 분들보다 훨씬 젊어 보이고 건강한 편인데도 소화력이 약해져서 음식도 조심스럽게 드시고 수시로 누워서 휴식을 취하시면서 본인의 컨디션을 조절하신다. 신체 기관들이 노화되었는데 온갖 시술로 겉으로만 젊게 만든다면 과연 그것은 '젊음'이라고 생각할 수 있을까?

나는 아버님의 모습을 보면서 노화를 슬프게 생각하지 않기로 했다. 딸아이가 크는 것을 지켜보았듯이 나의 노화도 지켜보며 늙어가는 것을 한탄하는 것이 아니라, 내일보다 더 젊은 오늘을 즐기며 살아가려고 한다. 나도 70대에는 아버님처럼 나의 건강을 잘 조절하며 열린 마음으로 '젊음'을 대화할 수 있도록 아름답게 나이 들어가야겠다고 생각한다. 노화는 인간이라면 다 겪어야 할 과정이다.

나는 화장품을 만드는 사람으로 강연에서 이런 이야기를 한다.

"사람은 누구나 늙고 죽습니다."

누구나 늙고 죽기 때문에 노화 방지에 집착할 필요가 없고, 주름 미백 화장품에 의지하거나 기댈 필요가 없다고 이야기한다. 노화를 방지하려고 화장품에 과한 기대를 하지 말고 또 광고를 너무 믿지 말라는 이야기도 전한다.

우리는 불안함에 지갑을 연다

피부의 노화 방지는 곧 주름과 미백의 관리로 직결되는데, 화장품으로 주름과 미백을 완벽하게 관리하겠다는 생각은 정말 어리석은 생각이다. 주름은 피부의 수분 손실 및 근육 사용으로 인해 생기는 자연스러운 현상이고, 인간이 거스를 수 없는 영역이다. 물론 일시적으로 안 그런 것처럼 보이게 할 수는 있지만, 피부에 생긴 주름을 없던 일로 만드는 것은 화장품 광고에서 보여주는 것처럼 쉬운 일이 아니다.

내가 생각하는 기능성 화장품의 제1의 기능은 마음의 안정이다. 영국의 한 연구 결과는 이를 뒷받침하는데, 고급스러운 노화 방지 크림은 인간의 여러 가지 심리학적 맹점을 이용한다는 것이다.

백화점에서 주름 방지 크림들만 전시한 진열대 앞에 서 있다고 가정해 보자. 서로 다른 업체에서 만든 두 제품이 나란히 놓여 있을 때 사람들은 어떤 것을 고를까? 하나는 별다른 특색이 없지만 가격이 적당한 반면, 다른 하나는 최신 실험 결과가 반영되었다는 문구와 함께 훨씬 세련되고 눈에 확 띄는 제품으로 가격이 5배 더 비싸다. 이때 비싼 제품을 사고 싶어지는 이유는 마음속의 불안감을 건드리기 때문이라는 것이다. 겉포장이 번듯한 제품을 집어 들면 화장품 문구가 더 눈에 들어온다는 것이다. 이에 대해 몬티 라이먼 박사는 이렇게 이야기한다.

> 주름 미백 기능성 중에도 효과가 증명된 성분, 예를 들어 피부에 미백 효과가 있는 성분인 나이아신아마이드를 식약처에서 권장하는 이상의 함유량으로 피부에 발랐을 때 오히려 염증이나 건조함 등의 불편함을 호소하는 사람들도 있고 알레르기가 유발된 사람들도 있었다. 그래서 나는 고함량의 유효 성분의 화장품보다 피부의 수분 손실을 관리할 수 있는 환경을 조성하고 선크림을 바르는 등의 방법을 통해 주름 미백을 관리할 것을 권한다.
>
> – 몬티 라이먼, 《피부는 인생이다》, 제효영 역, 브론스테인, 2020

진정으로 피부 노화를 막는 방법

피부에 생기는 모든 일에는 분명 환경이 작용한다. 주름이 생기는 일도 마찬가지다. 진정 노화를 방지하고 피부에 주름이 새겨지는 시간을 늦추고 싶다면, 오늘 당장 화장품을 사서 바를 것이 아니라 나의 환경을 체크해야 한다. 특히 피부의 수분이 손실되어 주름이 생기는 경우가 많기 때문에 되도록 피부를 건조한 상태로 두지 않는 것이 좋다. 그런 점에서 눈가를 촉촉하게 해주는 것이 눈가 주름이 생기는 시간을 조금 미룬다고 할 수 있다.

피부의 수분을 유지하기 위해 알아둬야 할 점이 있다. 우리 가정이나 실내 어느 곳에서나 작동 중인 모든 전자기기는 피부를 건조하게 만드는 주범이 될 수 있다는 것이다. 컴퓨터, 스마트폰, LED, 그 외의 인공조명, 에어컨 및 히터 등이다. 피부의 수분을 유지하려면 전자기기 사용에 주의해야 할 뿐만 아니라, 설탕을 줄이고 피부와 털을 유지할 수 있는 단백질이 충분히 포함된 균형 잡힌 식단을 해야 한다. 특히 과일과 채소 등은 피부에 바르는 것보다 먹는 것이 피부에 백번 유익하다.

《피부는 인생이다》에는 이런 말이 나온다.

가장 비싼 안티에이징 크림을 사서 바르고 1주일에 한 번씩 피부과를 다닌다고 해도 식생활이 형편없으면 그 영향은 피부에 고스란히 나타난다.

- 몬티 라이먼, 《피부는 인생이다》, 제효영 역, 브론스테인, 2020

몬티 라이먼뿐 아니라 우리나라의 피부과 전문의 중에도 균형 잡힌 식생활과 환경의 중요성을 강조하는 의사들이 있다. 나도 이 의견에 백번 공감한다.

우리는 왜 유독 화장품에 관대할까

●● 화장품은 피부를 변화시키지 않는다

나는 주 1회 이상 전국의 생활협동조합(이하 '생협')의 자연드림 매장을 이용하시는 조합원들에게 '화장품에 대한 바른 생각'이라는 주제로 생산자 간담회 강연을 한다. 이 강연을 한 지도 벌써 4년이 되고 있다.

내가 이 강연을 시작한 이유는 생각보다 많은 사람들이 화장품에 너무 큰 기대를 하고 있다고 느꼈기 때문이다. 나는 화장품을 기획하고 판매하는 사람으로서 고객들이 화장품에 대한 막연한 기대보다는 화장품을 잘 이해하고 최대한 바르게 사용해 피부 건강에 도움이 되기를 바라는 마음에서 이 강연을 하고 있다.

'화장품에 대한 바른 생각' 강연을 하기에 앞서 강연을 청강하시는 분들에게 다음과 같은 질문을 해보곤 한다.

"혹시 지금까지 살면서 화장품 광고에 혹해서 제품을 구입했거나 지인의 소개로 값비싼 화장품을 구입했는데 드라마틱하게 피부의 변화를 느낀 분 있으세요?"

지금까지 200여 회의 강연을 하는 동안 손드는 사람은 아무도 없었다. 물론 일시적으로 느껴지는 수분감과 유분감을 느꼈던 것은 제외한다. 화장품은 물로 만들어지거나 물과 오일을 섞어서 만들어지기 때문에 화장품을 발랐을 때 일시적으로 느껴지는 수분감과 유분감은 당연히 따라오는 것이다.

그렇다면 소비자들이 일시적으로 느껴지는 수분감이나 유분감이 아니라 피부 문제를 해결해줬다고 느낄 만큼 드라마틱한 피부 변화를 느끼지 못했던 이유는 무엇일까? 실제로 화장품이 피부를 드라마틱하게 변화시킬 수 없는 것이 사실이기 때문이다. 하지만 화장품 광고에서는 절대 그런 내용을 밝히지 않는다. 1주일만 바르면 마치 피부가 회춘할 수 있는 것처럼 이야기한다. 이는 화장품을 판매하는 지인의 말도 마찬가지일 것이다. 말 그대로 광고에서 이 제품을 바르면 더 젊어질 수 있는 것처럼 이야기하는 것일 뿐이다. 화장품을 바른다고 피부가 회춘하지는 않는다.

앞에서 나는 주름 미백 기능성 제품의 제1기능이 마음의 안정이라고 이야기했다. 하지만 앞서 그런 내용을 접했다 하더라도 '이번에는 진짜라며 주름과 미백에 획기적인 화장품이 있다'라고 한다면 아마 누구든 또 혹하면서 또 다시 지갑을 열 것이다. 이처럼 우리는 참 화장품에 관대하다.

희망에 돈을 지불한다

우리가 화장품에 관대한 이유가 있다. 화장품을 구입할 때 그저 제품만 구입하는 것이 아니라 피부가 변화될 것이라는 희망을 구입하기 때문이다. 혹은 그 이상을 상상하기도 한다. 광고하는 연예인이나 SNS 영상 속의 인플루언서와 같이 백옥 같은 피부를 유지하며 아름다워지는 상상을 하기도 한다. 절대 어떤 기대도 없이 값비싼 화장품을 구입할 리는 없다.

내가 화장품을 구입할 때 무엇을 중요하게 생각했는지 한번 생각해 보자. 브랜드였는지, 광고 모델이었는지, 아니면 지인과의 관계였는지. 안타깝게도 화장품 자체를 보고 내 피부에 잘 맞는 화장품을 구입하는 것이 아니라 화장품을 판매하는 사람들의 메시지를 보고 화장품을 구입해 그 메시지에 내 피부를 끼워 맞추려고 했던 적이 더 많았을 것이다.

화장품에 대한 메시지를 받는 방법은 참으로 다양하다. 먼저 텔레비전과 SNS 등에서 쏟아지는 광고를 통해 하루에도 수십 개의 화장품에 대한 메시지를 접하게 된다. 요즘에는 각 분야의 전문가들이 나와서 무분별하게 화장품에 관련한 많은 메시지를 던지기도 한다. 말 그대로 던지는 것이다. 그것을 받아들이는 것은 소비자의 몫이다.

여기서 우리가 한 가지 짚고 넘어가야 할 부분이 있다. 같은 제품을 설명하는 의사라고 하더라도 각각 자신의 전문 분야에 따라 던지는 메시지가 다 다르다는 것이다. 예를 들어 자외선 차단제에 대한 메시지를 알아보자. 어느 연구 집단에서 다음과 같은 연구 결과를 발표한다.

'유기자차 선크림보다 무기자차 선크림이 피부에 더 안전하다.'

이에 대해 전문가들의 의견이 분분하다. 한 피부과 전문의는 "유기자차든 무기자차든 자외선은 1급 발암 물질로 피부에 독이다. 그러니 실내에서든 실외에서는 자외선 차단제를 꼭 바르고 있어야 한다. 반드시 외출하기 전 30분 전에 자외선 차단제를 발라야 한다"라고 이야기한다.

피부과 전문의의 이런 조언에 대해 어느 가정의학과 의사는 이렇게 반발한다. "해변가에서 발생되는 정도의 강한 자외선을 몇 시간 이상 오래 쏘이는 것은 피부에 독이 될 수 있지만 하루 30분에서 1시간 정도 태양에 노출되는 것은 비타민 D를 제공하며 오히려 많은 암을 예방한다. 그러니 자외선 차단제를 바르려면 햇빛을 30분 이상 쏘이고 난 후 바르는 것이 맞다"라고 이야기한다.

이 의견에 대해 나노 독성을 연구하는 어느 교수는 이렇게 이야기한다. "나노화시킨 자외선 차단 성분으로 자외선을 차단할 경우 나노 성분은 혈관을 타고 뇌로 들어가 치매를 유발할 수 있으니 되도록 양산과 모자를 이용해 자외선을 차단하는 것이 좋다."

과연 소비자들은 어느 전문가의 말을 들어야 할까? 이제 소비자들은 암을 선택할 것인지 치매를 선택할 것인지 결정해야 한다. 이 웃기기도 하고 어이없기도 하는 상황에 대해 어떤 소비자는 보험 진단금이 많이 나오는 것을 선택하겠노라고 이야기한다.

화장품을 선택할 때는 비판적 자세가 필요하다

무분별한 광고와 정보 홍수 속에 화장품을 구입해야 하는 소비자들은 매순간 정보를 접하고 믿고 구입하고 배신당하기를 무한 반복하고 있다. 아이러니하게도 광고의 메시지대로 실제로 피부 변화를 드라마틱하게 느낀 사람은 드물었고, 각 분야의 전문가들은 각기 다른 자기의 생각을 이야기하며 소비자들을 혼란스럽게 한다.

화장품을 바르게 바르기 위해서는 화장품 광고를 대할 때 비판적 사고를 가지고 접해야 한다. 광고 내용을 무조건적으로 믿어서는 안 되며, 피부 본연의 기능을 생각하고 피부에 이로운 제품인지 확인할 수 있는 분별력이 필요하다.

전문가들의 의견보다 중요한 것은 나의 피부 상태, 건강 상태, 생활 패턴을 먼저 확인하는 것이다. 화장품을 통한 피부 변화를 기대하기보다는 나의 생활 습관을 먼저 체크하는 것이 더 필요하다.

이것이 화장품을 사기 전에 소비자들이 반드시 알아야 할 '본질'적인 문제다. 이 부분만 잘 이해하고 실천한다면 아무리 많은 광고와 정보가 우리를 흔든다 해도 화장품에 더 이상 배신당하지 않을 것이다.

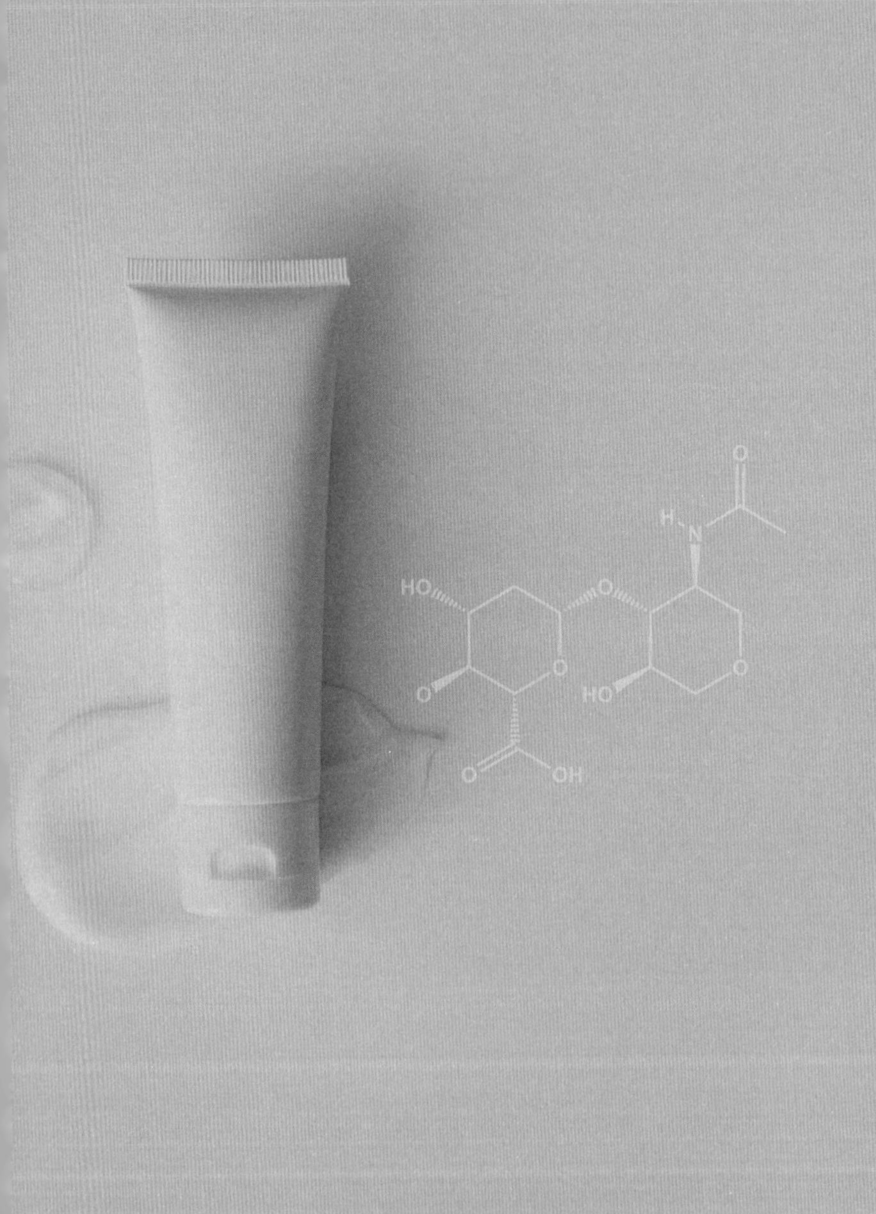

2장

화장품 회사가 알려주지 않는 '팩트'

정해진 피부 타입은 없다

육아를 시작하면서 피부를 돌볼 수 없었다

딸을 낳고 난 후 나에게도 육아 전쟁이 시작되었다. 모든 초보 엄마들이 그러하듯 나 역시 하루 온종일 아이에게 모든 관심을 쏟아도 시간이 부족했다. 시간에 맞춰 우유 먹이고, 배변도 확인하고, 놀아주고, 재우고 매일 정신없이 반복되는 육아 속에서 '나'를 챙기는 것은 어려웠다. 밥 한 끼 챙겨 먹기도 힘든 상황에서 피부가 거칠어져도 내 피부를 위해 화장품을 바른다는 것은 생각지도 못했다.

그러던 어느 날 거칠어도 너무 거칠어진 피부를 발견했다. 왕년에 피부과에서 광나는 꿀피부를 자랑하며 고객들의 피부를 상담하던 나의 피부가 엉망이 되는 것을 보니, 더 이상 이 상태를 방치

해서는 안 되겠다는 생각이 들었다. 출산 전처럼 되돌릴 수는 없어도 흉내라도 내겠다는 생각에 꿀피부 만들기 프로젝트를 시작했다. 먼저 내가 가지고 있는 피부 관리 기기와 비타민C 세럼, 피부 재생 세럼, 에센스 세럼 등을 가지고 화장대 앞에 앉았다. 아이가 자고 있는 시간이어서 가능했다.

정성스럽게 세안을 하고 터번으로 머리카락이 흘러내리지 않게 고정하고 거울을 봤다. 세상 힘들어 보이는 얼굴에 칙칙해 보이는 피부를 보니 어서 빨리 관리를 해야겠다는 의지가 불끈 솟았다.

1차적으로 비타민C 세럼을 얼굴에 바른 후 피부 속 깊은 곳까지 흡수시킨다는 피부 관리 기기로 얼굴을 문질렀다. 오랜만에 느끼는 딱딱하고 차갑고 동그랗고 납작한 기계의 촉감이 오히려 좋다고 느껴질 무렵, '으앵' 하는 딸아이의 울음소리가 들렸다. 아이가 잘 때마다 내가 옆에 있어 준 탓인지 딸아이는 엄마가 지금 근처에 없다는 것을 바로 알아차렸던 모양이다.

다음 날도 그 다음 날도 나는 꿀피부 프로젝트를 한답시고 화장대 앞에 앉아 피부 관리를 시도했지만 며칠 지나지 않아 흐지부지해졌다. 도저히 시간이 나지 않았고, 아이를 건사하는 데만도 정신이 없어서 포기하게 되었다. 결국 내 선택은 아이의 화장품을 같이 바르는 것이었다.

●● 아이 화장품이 꿀피부의 비결?

나는 꿀피부를 만든다는 화장품에 진심인 사람이었다. 하지만 아이를 키우면서 나의 피부를 관리하는 것은 현실적으로 어려웠고, 자연스럽게 손에 잡히는 대로 아이에게 로션을 발라줄 때 나도 같이 바르는 길을 택할 수밖에 없었다. 그때까지만 해도 아이의 화장품을 같이 바르겠다는 생각은 해본 적이 없었다.

아이의 제품을 같이 바르니 광나는 꿀피부는 아니더라도 거칠거칠한 느낌은 많이 사라지기 시작했다. '아이 화장품, 꿀피부의 비결이었나?'라는 생각도 할 정도로 의외의 효과가 있었다. 하지만 어딘가 모르게 부족한 부분이 느껴졌다. 그 당시 내 피부는 출산과 육아로 지쳐서 탄력이 많이 떨어져 있었고 수분이 절대적으로 부족했던 반면 딸아이는 알레르기성 피부여서, 두 사람 모두에게 다 적합한 화장품이 더 필요했던 것이다. 수분 부족과 알레르기성 피부, 둘에게 모두 산소를 불어넣어줄 수 있는 제품이 필요했다.

그때 에센스가 번뜩 생각났다.

'에센스를 어른들만 바를 필요가 뭐 있어? 에센스는 고농축 화장품이니까 아이와 바르면 더 좋지 않을까?'

●● 엄마와 아기 모두에게 통하는 에센스를 궁리하다

에센스는 통상적으로 수분이 가득한 유효 성분이 듬뿍 들어 있는 제품으로 인식되어서, 소비자들은 에센스가 가격 대비 분량이 적어도 괜찮다고 생각한다. 그러나 내가 실제로 에센스를 분석했을 때 유효 성분이 듬뿍 들어 있는 제품은 거의 접하지 못했다. 비싼 가격만큼 유효 성분이 많은 제품은 없었고, 유효 성분도 적고 양도 적은 제품이 대부분이었다.

나는 실제로 유효 성분이 듬뿍 들어가고 나와 딸, 즉 엄마와 아이가 함께 바를 수 있는 에센스 로션을 만들기로 기획했다. 신생아의 피부에 잘 맞는다는 알로에, 호호바 오일, 진짜 수분감을 주는 히알루론산을 베이스로 에센스 로션의 레시피를 준비했다.

나와 내 딸이 바를 제품인 만큼 '영혼을 갈아서' 레시피를 만들었다. 맨 먼저 알로에베라 잎수 100%를 베이스로 샘플을 만들고 그다음에는 50% 베이스의 샘플을 만들어서 서로 비교해 봤다. 알로에베라 잎수 100%는 보습막이 많이 약해져 있는 내가 바르니 조금 따가웠지만 딸의 피부에는 붉은 감 없이 잘 맞았고, 50%는 따가움이 없었다. 하지만 100%를 바른 경우에 피부의 보습감과 촉촉함이 더 오래가서 결론적으로 알로에베라 잎수 100%가 더 좋았다. 비록 제조 단가도 더 비싸고 피부가 따가울 수도 있어서 고객들에게 복잡한 설명을 해야 하는 번거로움이 있었지만, 고객들에게 있는 사실 그대로 전달하는 일이 중요하다고 판단했다.

에센스 하나로 건성과 알레르기성 피부를 잠재우다

나와 딸이 함께 발라야 하니 소량으로는 어림도 없었다. 대형 용량으로 만들기로 결정하고, 뚜껑을 열고 닫을 시간이 없었으므로 언제든지 눌러서 사용할 수 있도록 펌핑 형태로 만들기로 했다. 그렇게 나온 에센스는 로션처럼 양이 많고 기저귀를 채우면서도 한 손으로 편하게 눌러 바를 수 있는 대용량 펌프 용기로 된 유효 성분 100%의 에센스였다. 내가 직접 기획하고 제조한 경험에 근거했을 때, 에센스는 적은 용량이어야 하거나 비싸게 판매되어야 할 이유가 전혀 없었다.

용량이 많은 데다 로션처럼 마음껏 쓸 수 있게 출시된 나의 첫 에센스는 육아 중인 엄마와 아이 모두에게 큰 호응을 받으며 시장에서 큰 인기를 끌었다. 물론 지금도 많은 사랑을 받으며 판매 중이고, 1년에 1만 개 이상이 판매되고 있다. 좋은 성분에 용량도 충분하고 가격도 합리적이어서 오랫동안 사랑받는 것 같다.

이 에센스를 만들면서 또 크게 깨달은 점이 있었다. 화장품을 선택할 때 과거에 내가 알고 있던 나의 '피부 타입'은 중요하지 않다는 것이다. 출산 전까지만 해도 내 피부 타입은 '중성'이었다. 특별하게 건조함을 느낀 적이 드물었다. 아마도 피부에 신경을 많이 쓰고 살아서 그럴 것이다. 하지만 출산 후 나의 피부 타입은 '악건성'이 되었다 해도 과언이 아닐 만큼 아주 많이 건조했다.

피부 타입이 환경에 따라 달라질 수 있어서 화장품을 선택할 때는 현재 나의 피부 상태가 가장 중요한데, 화장품 회사에는 화장품을 선택할 때 지성, 건성, 중성 중 하나를 고르라고 한다. 하지만 피부가 어떤 타입인지보다 현재 피부가 어떤지, 특히 불편함을 느낀다면 피부가 왜 이런 상황이 되었는지 먼저 체크한 후에 화장품을 선택해야 한다. 화장품을 꼭 한 가지 피부 타입에 적용하지 않아도 된다.

그 당시 출산 후여서 나의 피부는 악건성 상태였고, 딸의 피부는 아직 면역이 발달하지 못해서 알레르기성 피부 상태를 보였다. 이런 상황에서도 에센스 로션 하나로 나의 피부에는 수분감을 보충하고 딸의 피부에는 진정과 보습을 주기에 충분했다. 물론 나는 내 자신과 딸의 피부에 바르는 것보다 음식, 집 안의 습도, 온도 등을 더 중요하게 생각하고 관리했다. 에센스 로션은 피부 보습을 조금 더 안정화하는 데 사용했다. 또한 딸이 알로에 알레르기가 없었기 때문에 우리 두 사람의 피부를 동시에 관리할 수 있었다.

●● 피부 타입은 그때그때 변한다

나의 사례에서 볼 수 있듯이 피부 타입은 변할 수 있다. 날씨, 온도, 습도에 따라서도 변하고 계절에 따라서도 변한다. 자신이 머무르는 환경, 건강 상태, 스트레스 정도, 자신의 생활 습관에 따라서도 변한다. 건강한 피부의 조건이 유수분 밸런싱이므로 유분과 수분의 정도를 구분해 피부 상태를 건성, 지성, 중성으로 구분하고 있지만, 화장품까지 그렇게 구입할 필요는 없다. 내 상식으로는 화장품을 반드시 고정된 타입에 맞춰 바르지 않아도 된다.

예를 들어 지성 피부의 경우 화장품을 사러 백화점이나 화장품 팝업 스토어에 간다면 지성 피부에 맞는 스킨, 로션, 크림, 클렌징 등의 루틴 제품을 추천받을 것이다. 그렇게 추천받은 화장품은 적어도 6개월 이상은 사용하게 된다. 유분감이 적은 날도 수분감이 적은 날도 지성 피부에 맞는 루틴 제품을 사용하게 되는 것이다. 그렇기 때문에 화장품을 오래 사용할 경우 피부가 더 약해진 것 같다는 느낌을 받는 사람도 생긴다.

나는 이런 식으로 화장품을 사용하는 것은 맞지 않다고 생각한다. 그때그때의 환경과 피부 상태에 따라 수분과 유분의 밸런스를 맞춰준다는 기준을 가지고 화장품을 사용하는 것이 맞다고 생각한다. 이제부터는 화장품 회사에서 정한 지성·건성·중성 타입에 맞는 화장품 루틴 제품을 잊고, 현재 나의 피부 상태에 집중하며 수분감과 유분감을 확인해서 그날그날 내 피부에 맞는 화장품으로 똑똑하게 피부를 관리할 것을 추천한다.

'아토피'는 최고의 흥행 메이커다

●● 그동안 아이에게
무슨 일이 있었던 걸까

아주 오랜만에 B고객이 제품을 구입하겠다고 연락해 왔다. 나는 반가운 마음에 B고객의 근황을 물었고, 아이 안부도 함께 물었다. "잘 지내시죠? 아이도 잘 있고요?" 그녀는 아이와 자신 모두 잘 있다고 눈웃음 이모티콘까지 보냈고, 나는 가볍게 안부 인사를 하고 그녀가 구입한 제품을 발송했다.

며칠 후 제품을 받아본 그녀는 "저 뭐 하나만 여쭤 보고 싶은데"라고 문자를 보내왔다. 나는 혹시 제품 배송에 문제가 있나 싶어서 "네! 물어보세요. 혹시 무슨 문제가 있는 건 아니죠?"라고 곧바로 답신을 보냈다. 내가 말한 것은 '배송' 부분이었지만, B고객에게는 배송 말고 다른 문제가 생긴 듯했다.

“사실은 문제가 좀 있어요. 사진 먼저 보낼게요.”

나는 그 문자에 집중을 하며 고객이 사진을 보내오기를 기다렸다. 고객이 보낸 사진을 본 나는 너무 놀랐다. 그 사진은 다섯 살 된 아이의 사진이었는데, 언뜻 보기에도 아이가 ‘잘 있는 것’으로는 절대로 생각할 수 없는 모습이었다.

가장 먼저 눈에 띈 것은 아이의 피부 상태였다. 피부의 많은 부위가 태선화(苔癬化)되어 거무스름하게 변해 있었다. 태선화란 피부 표피 전체와 진피의 일부가 가죽처럼 두꺼워지고 딱딱해지는 현상으로, 피부가 광택을 잃고 유연성이 없어지며 딱딱해지는 것이다. 보통 아토피가 심해져서 많이 긁었을 때 일시적으로 나타나기도 하고, 아토피가 만성으로 자리 잡으면 피부가 태선화되는데 이 상태가 고착화되면 태선화된 피부를 치료하기 어려워지는 경우도 있다.

하지만 아이들의 경우는 다르다. 빠르게 관리하면 다시 꿀피부를 되찾을 수 있다. B고객의 아이의 경우 약간의 아토피는 있었지만 그렇게 심각한 정도는 아니었다. 그런데 그동안 그 아이에게 도대체 무슨 일이 있었던 걸까? 그녀는 나에게 아이 사진을 먼저 보낸 후 ‘안아키’를 아느냐고 물었다.

●● '안아키'가 뭐길래

B고객이 말한 '안아키'는 2017년 SBS 〈그것이 알고 싶다〉에서 관련 내용을 다루면서 제법 세상을 떠들썩하게 만들었던 것이었다. 사실 나는 방송이 되기 전에 '안아키'라는 단어를 B고객에게서 처음 들었다. 그때 당시 그녀는 인터넷 카페 주소까지 알려주며 나에게 이곳이 어떤지 한번 봐 줄 수 있냐고 물었다.

2020년에 기재된 기사에 따르면 '안아키' 커뮤니티 카페는 2015~2017년까지 '약 안 쓰고 아이 키우기'라는 뜻의 카페로 운영되어 왔으며, 그 카페를 운영했던 한의사는 그 당시 치료법에 대한 논란과 피해를 본 피해자의 고소에 따라 3년간 한의사 면허를 박탈당하기도 했다. 하지만 현재는 다른 이름으로 카페가 다시 운영되고 있다고 한다.

그 당시 나는 고객이 전해준 주소를 따라 들어가서 카페를 쭉 돌아본 후 '위험할 수도 있는 곳이다'라고는 생각했지만, 엄마들이 이렇게 맹신하며 따를 것이라고 생각하지는 못했다. 그 카페를 운영한 한의사의 처음 취지는 항생제 남용을 방지하고자 하는 선한 마음이었을 것이라고 믿고 싶지만, 2017년 안아키식 치료를 받던 아이가 결국 폐가 손상되는 등의 문제가 발생해서 방송에도 보도되었다. 그 이후 많은 사람들의 관심을 받으며 안아키의 치료법은 단두대에 오르게 되었다. 현행 의료 시스템의 관점으로 봤을 때 치료에 맞지 않는 자연치유법이 언론을 통해 기사화되면서 많은 엄마들에게 경각심과 동시에 분노를 불러일으키기도 했다.

내가 B고객과 소통을 했던 당시는 안아키가 이렇게 세상을 떠들썩하게 만들기 전의 일이었다. 이미 그 전에 B고객은 안아키 치료법을 접했고 그 치료법으로 아이의 피부 치료를 시작했던 것이다. 나는 폐쇄적이고 너무 한쪽으로 치우쳐 보이는 치료법 때문에 B고객에게 안아키식 치료를 만류하고 싶었다. 사진상으로 봐도 아이의 피부는 이미 태선화가 진행된 상태였다.

안아키 카페를 운영했던 한의사 A씨는 B고객의 아이를 체질 개선으로 치료하려고 계획을 세웠던 듯했다. 아이의 알레르기 유발 물질을 모두 검사했는데, B고객의 말로는 알레르기 검사 결과 아이가 먹을 것이 별로 없다고 했다. 알레르기가 유발되지 않는 식품은 아이가 별로 좋아하지 않아서 음식을 아예 잘 먹지 못한다는 것이었다. 꽤 오래전의 일이라 아이가 정확히 어떤 식단을 했는지는 잘 기억나지 않지만, 먹을 것이 별로 없어서 미음 정도만을 먹으며 치료를 하고 있다고 들었던 것으로 기억한다.

B고객은 카페 운영자의 조언에 따라 모든 보습제도 다 끊었다고 했다. 안아키 치료법의 여파였는지 영양소의 불균형 탓이었는지는 모르겠지만, 별로 심각하지 않았던 그 아이의 아토피 피부가 태선화로 번지며 결국 피부의 많은 부분이 딱딱하게 굳어지게 된 것을 알 수 있었다.

그 당시 나는 카페에서 진행 중인 치료법에 따라 아이의 피부가 나아지지 않는다면 잠시 멈췄다가 피부가 조금 나아진 후 다시 진행해볼 것을 조심스럽게 권유했지만, '안아키'에 대한 그녀의 믿음은 변하지 않았던 것으로 기억한다. 이후 나는 그녀의 소식을 듣지는 못했지만 지금도 아이의 피부가 B고객의 바람대로 건강하게 회복되었기를 바라고 또 믿고 싶은 마음이 크다.

그러나 '안아키'에서 주장하는 자연치유법을 따라 하다가 폐가 손상된 아이의 사례도 있었고 다른 피해자들의 사례가 있었다. 건강에 지장이 생길 수 있는 단점과 위험성을 접하고 나니 B고객의 아이가 건강하게 회복되는 게 매우 희박할 수도 있다는 생각이 든다.

●● 아토피의 원인은 다양하다

나는 오직 체질 개선으로 아토피가 나을 수 있다고 생각하지 않는다. 아토피 질환을 앓고 있는 사람들을 많이 만나봤지만, 본인의 힘과 노력만으로는 어찌 할 수 없는 영역이 분명히 존재했기 때문이다. 예를 들면 신축 아파트에서 생긴 아토피 같은 경우가 이에 해당한다. '새집증후군'도 아토피를 발생시키는 하나의 원인이 될 수 있다.

새집증후군이란 유해 화학 물질로 인한 과민증상의 하나로, 새 집에 입주하고 나서 발생하는 두통, 구토, 재채기, 알레르기(천식 및 아토피) 등의 증상을 말하는데, 민감한 사람은 매우 낮은 농도의 화학 물질에 노출되어도 새집증후군을 앓으며 많은 불편한 상황을 겪기도 한다.

체질 개선을 위해 4, 5세 아이들에게 균형 잡힌 영양 식단이 아니라 어른들처럼 그 체질에 맞는 음식만 제공하거나 먹고 싶은 욕구를 강제적으로 제한하는 것은 바람직하지 못하다고 생각한다. 어떻게 단 한 사람의 이야기만 듣고 아이들에게 편협한 방식으로 치료를 하겠다는 생각을 할 수 있을까? 이것도 일종의 맹목적인 믿음에 가깝다고 본다.

엄마들은 육아를 하며 여기저기서 들리는 광범위한 카더라의 정보를 필터링 없이 흡수하는 경향이 있기도 하다. 육아가 그만큼 힘든 일이기도 하고 아이가 더 건강하기를 바라는 마음에서 시도하는 것일 수 있지만, 한 사람 혹은 하나의 카페 커뮤니티의 의견만 정답으로 여겨서는 안 된다고 생각한다.

나 또한 안아키에서 말하는 자연치유법을 모두 거부하거나 잘못된 방법이라고 생각하지는 않는다. 하지만 자연적인 요법이나 치료가 통하지 않는 사람을 바로 환자라고 하는 것이고, 그 환자들의 증상을 완화시키기 위해 존재하는 곳이 바로 병원 아닌가? 자연요법은 말 그대로 건강 상태가 좋은 상태에서 그 건강 상태를 유지하기 위해서 하는 것이 맞다고 본다. 그런 의미에서 수두파티를 강행했던 엄마들의 맹목적인 자연치유법 사랑은 조금 안타깝게 느껴진다.

한편으로는 이런 자연치유법을 강행하느라 아이가 받을 스트레스가 오히려 아토피를 유발할 수 있다고 생각한다. 이렇듯 아토피는 한 가지만 해결한다고 될 문제가 아니고, 현재 머무르는 환경, 적절한 영양 섭취, 운동, 스트레스 관리 등이 모두 복합적으로 이루어져야 하는 생활 습관병으로 접근해야 한다.

자본주의 사회는 아토피를 가만히 두려고 하지 않는다. '○○만 하면 아토피가 나을 수 있다!'라고 광고하기도 하고, 사람들의 불안감을 이용해 터무니없는 가격으로 아토피 제품들을 판매하기도 한다. 때로는 피부 보습막이 무너져 있는 약한 피부에 산 성분을 이용해 자극을 주고 피부를 일부러 상하게 해 피부 재생을 유발하는 제품들도 있다.

●● '원인을 알 수 없는' 것이 아토피다

아토피의 어원은 '원인을 알 수 없다'는 뜻에서 비롯되었다. 가끔 병원에서 아토피에 대해 처방받는 보습 로션은 일반 화장품과 무엇이 다른지 물어보는 고객이 있다. 정확히 말해 시중에 판매하는 보습 로션과 각각의 성분 차이는 있겠지만, 약으로 생각할 만한 전문 의약제품은 아니다. 처방받는 로션은 약의 역할이 아닌 보조요법으로 처방되는 것이다. 다른 점이 있다면, 병원에서 판매할 수 있도록 조치된 것일 뿐이다.

이 제품들은 식약처의 '화장품' 허가가 아닌 '의료기기'로서의 허가가 필요하다. 하지만 구성하는 성분은 화장품 성분과 같다. 그렇다면 일반 화장품 회사들은 왜 '의료기기'로서의 화장품을 병원에서 판매하지 않는 걸까? '의료기기'로 허가를 받기 위해서는 공장을 새로 만들어야 하고 전국의 병원에 영업을 할 수 있어야 한다. 한마디로 대규모 화장품 회사 및 제약 회사가 아닌 다음에야 '의료기기'로 허가를 받는 비용과 절차를 감당할 수 없기 때문이다 (관련 내용은 유튜버 '의사엄마 TV육아의 모든 것'에 매우 자세히 나와 있다. 나 역시 의사엄마의 채널에서 많은 도움을 받았다). 결국 '아토피'가 하나의 병명이 되어, '의료기기' 화장품을 제조하는 공장에 더불어 보험 회사까지 결합해 돈이 흘러가는 새로운 구조가 생기게 되었다.

보습 로션을 처방하는 의사가 오직 돈을 벌기 위해 처방한다고 생각하는 것은 절대 아니다. 그들 나름대로의 소신과 원칙을 가지고 환자를 위해 처방하는 것을 의심하지 않는다. 하지만 아토피는 다양한 항원으로 발병될 수 있기 때문에 오직 한두 가지 제품만 처방해 관리하는 것에는 반대하는 입장이다. 많은 의사들이 아토피 환자들에게 교육과 보습 로션 처방을 동시에 하고 있기를 바랄 뿐이다. 그리고 많은 사람들, 특히 육아를 담당하는 양육자들이 화장품 회사의 최고 흥행 메이커인 '아토피' 상술에 더 이상 흔들리지 않았으면 좋겠다.

보습 화장품의 판매 구조

처방받은 보습 화장품의 유통 구조는 다음과 같다. 화장품을 '의료기기'로 취급해 '제조 → 처방(병원) → 구매(환자) → 실비 처리(보험)'의 시스템으로 돌아가게 하는 것이다. 이런 구조 때문에 결국 화장품 구입을 실비보험으로 처리해서 환자는 다시 돈을 돌려받는다고 생각할 수 있겠지만, 성분에 비해 소비자가 내는 가격이 합리적인지 아닌지도 꼼꼼하게 따져야 한다. 더군다나 아이들 피부의 자생력은 어른보다 훨씬 뛰어나다. 굳이 유난 떨지 않아도 아이들 피부는 좋아질 가능성이 더 크기 때문에 이런 구조로 인해 불안감이 너무 조성되는 것은 아닌지 한 번쯤 생각해봐야 한다.

10년 전만 해도 아토피를 이렇게까지 무섭게 생각하는 사람은 없었을 것이다. 병원에서도 "보습 좀 잘 해주세요"라는 정도로만 이야기했는데, 지금은 화장품까지 처방하며 철저한 관리를 요구한다. 물론 그 광경이 나쁘다는 것은 아니지만, 극히 소수에게 일어날 수 있는 일을 모든 사람에게 일어날 수 있는 일처럼 일반화해서 불안감을 조성할 필요는 없다고 생각한다.

●● 신생아들의 피부는 원래 '아토피스럽다'

최근 한 맘 카페에서 아이가 아토피 진단을 받았다며 세상 끝난 듯한 글을 게재하는 엄마의 글과, 위로와 걱정을 쏟아내는 댓글들을 접하며 한숨이 절로 나오기도 했다. 그리고 '너무 걱정하지 마세요'라고 속으로 말했다.

나는 엄마들이 아토피를 조금 더 너그러운 마음으로 접근하길 바란다. 아기 피부는 아직 미성숙하다. 그래서 침독이 올라오기도 하고 태열이 올라오기도 한다. 또 이유식을 시작하면서부터 알레르기 반응이 나타나기도 한다. 이유식을 하는 이유 중 하나는 영양 섭취와 음식 먹는 연습에 있지만, 이유식을 하면서 알레르기 유무도 관찰할 수 있다. 그래서 많은 아이들의 피부가 성장하면서 간헐적 아토피 증상을 보이는 것이다.

정상 피부의 pH(페하, 수용액의 수소 이온 농도를 나타내는 지표)가 5.5이고 아토피 피부의 pH가 7~8 정도라면, 신생아들의 경우 태어날 때 피부의 pH가 6~7이다. 그리고 발달하고 성장하면서 중성 pH가 되어 피부가 건강해진다. 이것이 우리 피부가 발달하고 성장하는 자연이 선물한 시스템이다.

나는 강연을 가면 이렇게 이야기한다.

"신생아들은 본래 아토피스러운 피부를 가지고 태어납니다. 신생아들이 태어났을 때 시력은 0.01 정도의 수준이에요. 보이는 게 없죠. 눈이 할 수 있는 역할을 제대로 못하고 있어요. 피부는 어떨까요? 피부는 태어나자마자 약산성 pH 5.5를 유지하며 제 역할을 할까요? 거의 경증 아토피와 비슷한 수준의 pH로 태어납니다. 앞으로 좋아지려고 그러는 거죠. 신생아의 피부가 예민하고 미성숙한 것은 너무 당연한 것이니 인위적으로 피부의 역할을 만들어주려고 애쓰지 않았으면 좋겠어요. 자연스럽게 발달하니까요."

피부가 잘 발달한다면 48개월을 전후로 아토피 증상은 많이 완화된다. 그래서 첫째를 키워본 경험이 있는 엄마는 둘째에게 아토피가 나타나도 대수롭지 않게 넘기며 첫째와 같은 음식을 먹이기도 한다. 오히려 이런 경우에 둘째에게 아토피가 유발되어 아이의 면역력이 이겨내지 못하면 만성적인 아토피가 될 수도 있기 때문에 화장품보다는 먹거리에 더 신경 쓰길 권유한다.

화장품이 꿀피부를 만들어낸다는 화장품 회사에서 만들어낸 신화와 아토피를 화장품으로 낫게 한다는 신화는 이제 머릿속에서 지워버리자. 화장품이 해줄 수 있는 역할은 보습막이 많이 무너진 아토피 피부에 얼마나 안정적인 보습을 해줄 수 있는지의 여부다. 보습력이 강력하다는 광고 문구에 혹하지 말자. 보습력이 강력한 만큼 우리 아이의 피부는 더 약해질 수도 있다.

자연 유래 성분 99% 함유량에 상술이 있다

●● 알로에라고 다 같은
알로에가 아니다

어느 날 인스타그램 DM으로 재미있는 문의를 받았다.

안녕하세요? 저는 마더스프의 제품을 너무 사랑하는 한 고객입니다. 제가 최근 궁금한 점이 생겨서 문의를 좀 하고 싶어요. 제가 최근에 마더스프의 알로에 수딩 겔을 구입하고 너무 효과를 많이 봐서 완전 마더스프를 신뢰하고 있는데요. 성분표를 보니 무농약 고함량 알로에베라 잎즙이 30%, 친환경 알로에 성분이 91%라는 문구가 있더군요. 그런데 이게 무슨 뜻인지 이해가 안 가서 문의합니다. 보통 알로에 수딩 겔 제품들을 보면 자연 유래 성분 99.9%라는 문구가 많이 써 있습니다. 그런데 저는 그 제품들을 사용했을 때 그다지 만족스러운 느낌을 받지 못했어요. 그런데 마더스프 제품은 함유량이 더 적은데도 효과가 훨씬 좋아서 의아합니다. 다른 제품들보다 더 좋다고 느꼈는데 함유량은 다른 제품이 더 많다고 하니 조금 혼란스럽기도 하고요. 이 궁금증에 답해주시면 좋겠습니다.

고객이 혼란스러워서 충분히 문의할 만한 내용이었다. 나는 DM으로 설명하기는 어려운 문제인 것 같아서 고객의 전화번호를 확인해 직접 통화하기로 했다.

일단 알로에 수딩 겔에 사용되는 알로에 수(水), 알로에베라 잎수, 알로에베라 추출물 등의 성분명을 이해해야 한다. 화장품에 쓰이는 알로에와 관련해 등록된 화장품 성분명은 약 40여 개나 된다. 예를 들면 알로에 수, 알로에베라 잎즙, 케이프알로에 잎추출물, 알로에 잎수, 알로에베라 추출물 등이 있다.

그렇다면 이 성분들이 다 다른 성분일까? 그렇지 않다. 알로에로 통칭되는 식물은 500여 개가 되지만, 화장품에 쓰이는 약용 알로에의 품종은 6~7종 정도 된다. 보통 '알로에'라는 말이 붙으면 알로에의 잎을 이용해 화장품 재료를 만드는 것이다. 그래서 알로에 잎의 모양 및 크기에 따라, 혹은 껍질을 같이 사용할 수 있는지 아닌지의 여부에 따라 불리는 이름은 다르지만 그 효능은 거의 비슷하다.

주로 약용 기능이 있는 6~7종의 알로에의 잎을 이용해 화장품에 쓰이는 재료로 만들고 그 재료를 화장품 성분으로 등록하는 과정에서 알로에 품종이나 알로에 사용 형태에 따라 성분명이 40여 개에 이르게 되었지만, 앞에서 말한 바와 같이 그 효능은 비슷하다. 그중에 화장품 성분으로 가장 많이 알려진 알로에 품종이 바로 알로에베라다.

알로에 품종보다 우리가 더 주목해야 할 것은 알로에 뒤에 붙는 알로에의 사용 형태에 따른 성분명이다. 예를 들면 알로에 잎수에서는 '잎수'라는 단어를, 알로에 잎추출물에서는 '추출물'이라는 단어를, 알로에 잎즙에서는 '잎즙'이라는 단어를 잘 살펴봐야 한다.

●● 착즙 주스와 에이드의 차이

화장품에 사용되는 알로에의 형태는 다음과 같다. 우선 '알로에 겔'이라고 부르는 분말 형태가 있다. 알로에 겔 분말은 알로에 잎을 농축해 분말화한 것이다. 이 분말을 주원료로 해서 정제수에 희석해 화장품 성분으로 사용하는 경우를 '알로에 수', '알로에 잎수', '알로에 추출물'이라고 한다. 이때 사용된 알로에 품종이 알로에베라인 경우 '알로에베라 잎수'고 하는 것이다. 하지만 이런 식으로 알로에 잎수를 만들게 되면 알로에 분말이 얼마만큼 들어 있는지 소비자가 확인할 방법이 없다. 그래서 나는 알로에 잎을 그대로 착즙한 착즙액을 이용해 알로에 수딩 겔을 제조한다.

이렇듯 알로에를 그대로 착즙하거나 착즙액을 이용해 화장품으로 제조할 때 이 착즙액을 '알로에 잎즙'이라고 이야기할 수 있다. 알로에를 이용한 화장품 성분에는 또 다른 종류가 있는데, 다양한 추출법을 이용해 알로에 잎에서 유효 성분을 추출하는 방법이다. 이 또한 추출 후 농축해 정제수와 혼합하면 '알로에 수' 혹은 '알로에 추출물'이라고 표기할 수 있는데, 마찬가지로 농축된 알로에가 얼마만큼 들어 있는지 소비자가 알 수 있는 방법이 없다. 그래서 단 0.001%만 들어가도 너도나도 알로에 제품으로 판매한다.

생과일 주스를 사례로 들어 설명한다면, 레몬 가루를 이용해 레모네이드를 만드는 경우가 있고 레몬 즙을 이용해 레모네이드를 만드는 경우가 있을 것이다. 재료를 조금만 넣었을 때 그 색깔은 흉내 낼 수 있어도 그 맛과 효과는 흉내 낼 수 없다. 그래서 나는 가루보다는 즙을 이용하고 즙이 얼마만큼 들어갔는지를 정확하게 표기한다. 그것을 표기하지 않으면 100ml 알로에 수딩 겔에 알로에 즙이 얼마만큼 들어갔는지 고객이 알 수 있는 방법이 없기 때문이다. 그리고 진짜로 그만큼의 즙이 들어갔는지 역시 고객이 확인할 방법은 없지만, 효능을 보았다는 고객들의 생생한 후기를 통해 내가 양심적으로 표기한 만큼 즙을 사용하고 있다는 것이 증명되고 있다고 생각한다. 앞서 문의한 고객의 말처럼 판매자들이 '99.9% 알로에'라고 홍보해도 알로에가 제대로 들어 있지 않다면 고객들은 진정한 알로에의 약용 효과를 누리지 못할 것이다.

99%가 99%가 아닌 이유

그렇다면 화장품에 기재되어 있는 '자연 유래 99.9% 알로에'라는 문구는 어떻게 이해하면 될까? 화장품을 제조할 때는 100%를 기준으로 제조 함량을 기획해 제조하는 '제조 지시서'라는 서류를 작성해 만들게 되는데, 그때 가장 많은 양을 차지하는 것이 물이다. 알로에 수딩 겔을 기준으로 자연 유래 99.9%라는 말을 해석하자면, 정제수와 희석시킨 알로에 추출물이 100%의 화장품 제조 함유량 기준으로 99.9%라는 것이지 양질의 알로에 잎이 99% 들어 있다는 뜻이 아니다.

그리고 알로에와 관련된 모든 성분은 100% 자연 유래로 만들어진다. 우리 회사는 중금속 프리 등의 문구를 사용하지 않는데, 중금속이 화장품에서 검출되지 않는 것은 너무도 당연한 것이기 때문이다. 알로에가 자연 유래라는 것은 당연한 사실이기 때문에 이 문구도 사용하지 않는다. '자연 유래', '중금속 프리' 등의 문구들이 오히려 소비자를 현혹할 목적으로 쓰인다고 판단하기 때문이다.

내가 선택한 알로에 성분은 알로에 잎즙이었다. 나는 정제수와 희석시키지 않은 알로에 잎 자체의 효능을 원했다. 그리고 100%라는 화장품 제조 기획에 알로에 잎을 이용한 추출물을 베이스로 하고 보습과 방부를 위한 성분들을 약간 넣고 우리 회사의 특허 추출물을 같이 넣어 제조하기 때문에 100%의 화장품 제조 기획 중 총 91%의 알로에 추출물이 사용되고 그중 30%는 알로에베라 잎즙을 사용한 것이다. 99.9% 알로에 추출물은 알로에가 얼마만큼 들어갔는지 소비자가 알 수 없지만, 우리 회사의 알로에 수딩 겔을 살펴보면 적어도 300ml의 알로에 수딩 겔의 30%인 90ml가 진정한 알로에 잎으로 이루어진다는 사실을 확인할 수 있는 것이다.

최근 인터넷에서 광고 중인 한 알로에 수딩 겔에서는 자연 유래 99.9%라고 하며 성분표에 알로에베라 잎추출물 함유량을 1,000ppm이라고 소개하는 곳이 있었다. 알로에 잎도 아닌 알로에 잎추출물 1,000ppm이라는 뜻은 300ml의 제품 중 알로에 잎추출물의 실제 함유량은 0.1%라는 뜻이다.

ppm이라는 단위는 요즘 화장품 회사에서 많이 사용하는 단위로, 특정 성분의 농도가 100만분의 1%라는 뜻이다. 실제 함유량을 쉽게 파악하려면 ppm 수치를 1만으로 나누면 된다. 일반적으로 ppm은 하천의 오염도, 독극물의 농도 등 매우 미량을 표시할 때 사용되며, 요즘에는 미세먼지 농도 등이 표시되는 도로의 안내 전광판에서도 확인할 수 있다. 이는 숫자가 커지면 더 좋을 것이라는 단순한 인식을 이용해 소비자를 우롱하는 상술이다. 그런 식으로 따지자면 같은 300ml에 우리 회사의 수딩 겔에는 300,000ppm의 알로에 즙이 포함되어 있다. 추출물이 아닌 원물 그대로 말이다. 이는 30%의 알로에 즙이 함유되어 있다는 뜻과 같다.

●● 함유량을 정직하게 표기하자

내가 알로에 라인의 제품인 '위드알로 에센스 로션'이나 '위드알로 모이스처 크림'을 만들 때 지속적으로 지키고자 했던 것이 있다. 바로 '알로에의 함유량을 정직하게 표기하자'는 다짐이었다. 소비자의 신뢰가 바로 거기서부터 출발하고 거기에서 끝난다고 굳게 믿었기 때문이었다.

아주 단순해 보이는 이 표기 약속을 많은 화장품 회사들이 지키지 않는 이유는 간단하다. 화장품 제조 단가를 결정하는 것이 바로 성분 함유량이기 때문이다. 화장품 제조 단가에 많은 것을 차지하는 것은 물론이고, 그 물이 어떤 물인지에 따라 많게는 제조 단가가 1,000원 이상의 차이 난다. 쉽게 말하면 알로에 추출물을 제대로 사용하는 것과 정제수를 사용하고 알로에 가루를 넣는 것의 제조 단가는 천지 차이가 난다.

나는 내 피부에 직접 테스트를 할 때 그 물이 피부에 미치는 차이를 직접 느꼈고, 효과에 대한 고객들의 후기를 보며 화장품을 구성하는 물이 얼마나 중요한 역할을 하는지 알고 있어서 천연 성분의 함유량을 높이는 것이 맞다는 소신을 계속 지켜갈 작정이다.

거기에 이번 알로에 수딩 겔을 제조할 때는 한 가지 더 신경 쓴 부분이 있는데, 바로 친환경에 대한 관심이다. 지금껏 친환경에 대한 지대한 관심이 있었지만, 화장품업의 특성상 플라스틱을 많이 배출할 수밖에 없어서 늘 죄책감이 들었다. 그래서 내가 '화장품에 대한 바른 생각' 캠페인에서 꼭 이야기하는 부분이 화장품의 종류가 많을 필요가 없다는 것이다. 실제로 나는 그 생각을 실천하고 있고, 전국을 돌아다니며 화장품 수를 늘리지 않고도 피부를 잘 관리할 수 있는 비법을 안내하고 있다.

나는 '위드알로 수딩 겔'을 론칭하며 무농약 땅에서 정성스럽게 관리된 알로에로 추출물을 만들었으며 실제 화장품에 추출물을 30% 함유해 제품을 출시했다. 화장품 용기는 재사용할 수 있는 제품으로 디자인했으며, 실제로도 리사이클 용기를 쓰고 있다. 그래서 나는 자신 있게 '무농약 고함량 알로에 잎즙 30%'라는 문구와 '친환경'이라는 문구를 사용하고 있다. 이 문구에 담긴 의미는 글자 그대로 내 마음을 100% 담고, 또 100% 실천한 내용을 가리킨다.

2022년을 기준으로 화장품업에 종사한 지 20여 년이 다 되어간다. 화장품을 만들면서 가장 뼈저리게 느낀 점은 그동안 소비자로서의 나 자신도 화장품 회사에 많이 속아왔다는 사실이다. 이는 내가 직접 화장품을 만들면서 절실히 알게 된 사실이었다.

적어도 나는 고객들에게 꼼수나 상술이 아닌 '있는 사실을 그대로' 알려서 고객들이 좋은 제품을 선택할 수 있도록 안내하는 화장품을 만들고 싶다. 우리 화장품에 쓰인 문구 앞에서 내가 당당하고 자신 있게 권하는 이유는 문구에 적힌 그대로 화장품을 만들기 때문이다. 나와 한번 인연을 맺은 고객들이 우리 제품을 계속 이용하는 이유가 바로 여기에 있다고 생각한다.

화장품 가격 책정의 1등 공신은 누구일까

납품가에 10배를 붙여 판 피부 관리숍

"이게 뭐라고 이렇게 비싼 거예요?"

갑작스러운 고객의 항의 전화였다. 전화를 걸어온 고객은 아무런 사전 설명 없이 다짜고짜 따져 물어왔다. 나는 많이 당황스러웠지만, 고객에게 차분히 자초지종을 물었다. 그러자 고객은 나에게 하소연하듯 잔뜩 화가 난 이유를 이야기했다.

나는 마더스프를 본격적으로 시장에 론칭하기 전에 '더카인드'라는 브랜드로 300ml 용량의 주름 미백 기능성 제품을 판매한 적이 있다. 그 제품이 온라인에서 인기가 많아지자 오프라인 피부 관리숍에서도 우리 제품을 판매하고 싶다고 연락이 왔고, 나는 반가운 마음에 동일한 제품을 피부 관리숍에 납품했다. 당시 내가 온라인으로 판매했던 수분 크림의 소비자 가격은 300ml에 39,900원이었다. 오프라인의 피부 관리숍 원장들에게는 도매가로 제공했다.

그런데 이 고객의 이야기를 들어보니, 지방의 어느 피부숍 원장님이 이 제품의 가격을 12만 원으로 책정해 고객에게 팔았던 것이다. 고객의 항의 전화도 당황스러웠지만 그 내용 때문에 더욱 경악했다. 내가 제공한 가격의 10배에 가까운 가격을 소비자에게 전가한 것이었다.

나에게 전화한 고객은 피부 관리숍에서 요구하는 대로 돈을 다 주고 샀지만 너무 비싼 것 같아서 인터넷에 검색해서 확인을 했고, 그 결과 아무리 비싸도 4만 원대를 넘지 않는 가격을 확인한 것이었다. 고객이 화를 내는 것도 당연했다. 그래서 판매자인 나에게 전화해서 어떻게 피부 관리숍에서 샀다고 12만 원이나 되는 가격을 붙일 수 있는지 화를 내는 동시에 하소연을 했던 것이다.

눈덩이처럼 붙은 유통 마진, 해결책이 있을까

나는 많이 흥분해 있는 고객에게 이 일을 알아보겠다고 설득하고는 전화를 끊었다. 이후 이 제품 가격을 자기 마음대로 책정해 판매한 피부 관리숍에 전화를 했다. 그런데 자세히 확인해 보니 이 피부 관리숍은 본사인 나에게서 구입한 것이 아니라 중간 판매책을 거쳐 제품을 받았던 것이었다. 그래서 유통의 유통을 거쳐 결국 4만 원 남짓의 수분 크림이 12만 원으로 판매된 것이었다.

이 사실을 확인한 나는 해당 피부 관리숍 원장에게 본사인 나를 통해 직접 제품을 제공받고 소비자에게도 나와 합의된 금액으로 납품할 것을 약속받았다. 12만 원이라는 가격에 제품을 구입한 고객에게는 내가 제품을 제공하는 것으로 하고 12만 원은 전액 환불하는 것으로 일을 마무리 지었다. 가격을 둘러싼 소동은 그렇게 일단락되었지만, 나는 이 일을 계기로 화장품 가격 책정의 숨은 시스템을 알게 되었다.

화장품 가격의 거품 논란은 어제 오늘의 일이 아니다. 그러나 우리 제품의 납품 가격이 10배 가까이 올라서 판매된 결과를 보자, 이런 일이 비단 우리 제품에서만 벌어지는 일은 아닐 거라는 생각이 강하게 들었고 이 문제를 어떻게 해결해야 할지 고민이 되기 시작했다. 화장품 유통 경로와 상관없이, 가격이 투명한 판매 루트는 없을까?

화장품 가격 책정의 기준이 없는 현실

내가 마더스프 브랜드를 론칭하게 된 이유 중에는 이 같은 고민도 한몫했다. 들쭉날쭉하고 파는 사람 마음대로인 고무줄 가격을 일원화된 가격으로 팔 수 있기를 희망했기 때문이다.

나는 딸의 피부가 너무 예민해서 내 아이에게 맞는 화장품을 찾기 위해 시중에 나와 있는 화장품을 샅샅이 구입해서 분석하기를 반복했다. 유명한 제품이든 그렇지 않은 제품이든 가리지 않았는데, 그 과정에서 발견한 사실이 하나 있었다. 그것은 바로 화장품 가격 책정의 기준이 없다는 것이었다.

'이 제품은 진짜 성분이 좋다'라고 생각되는 제품은 그 값이 터무니없이 비싸서 나 같은 서민은 매일매일 쓰기 부담스러웠다. 그런데 이보다 더 황당한 일은 성분도 그다지 안 좋으면서 연예인이 광고한다는 이유로 비싸게 판매되는 제품들이었다. 광고 때문에 화장품 가격이 오르고 또 그 화장품 가격은 고스란히 소비자의 몫으로 전가된다는 것을 소비자들은 얼마나 알고 있을까?

●● 화장품 성분보다 광고'빨'

화장품의 광고 영역은 참 방대하다. 그중 광고에서 제일 중요한 것은 '노출'이다. 일부 화장품 회사에서는 고객에게 자신의 화장품을 노출하기 위해 수십 억 원의 광고비도 마다하지 않는다. 요즘은 텔레비전뿐 아니라 SNS나 웹 기사들을 통해서도 화장품 광고가 진행되고 있고, 나에게도 매일 광고를 진행하라는 메일이 온다. 광고 제안 내용은 대략 이렇다.

"상위 노출을 관리하는 무한타 슬롯을 이용해 ○○○검색창에 검색 시 1위로 노출하세요."

'무한타 슬롯'이라는 단어의 정확한 뜻은 알 수 없지만, 그들이 설명하는 내용은 N사의 쇼핑몰에서 검색 시 상위 노출을 위해 고객이 클릭해서 제품을 보는 것처럼 트래픽을 조작해주겠다는 뜻이다.

이처럼 요즘 광고는 '조작'이 가능하다. ○○○검색창에 실시간 1위를 만들어내는 것도 광고비를 이용해 가능하다는 메일을 받는다. 뷰티 프로그램에 돈을 내고 제품을 노출시키면서 블라인드 테스트 결과도 만들어줄 수 있다고 한다. 유명한 프로그램이나 드라마에 제품이 노출되면 억 단위의 광고료가 지출된다. 유명 연예인의 몸값도 화장품 가격에 고스란히 반영된다. 한 번 클릭한 화장품 쇼핑몰은 알고리즘에 따라 내가 그 화장품을 구입할 때까지 내가 보는 모든 인터넷 페이지를 따라다니기도 한다.

결국 화장품의 가격은 화장품 성분이나 효능으로 책정하는 것이 아니라, 얼마만큼 노출되었고 그 노출을 위해 얼마만큼의 지출을 했느냐에 따라 책정된다. 화장품 가격이 거품이라는 취지의 기사와 방송이 많았지만, 사람들은 다시 내 눈에 많이 노출된 화장품이 더 좋은 화장품이라고 믿고 조작과 노출을 통해 만들어진 정보에 화장품 값을 지불한다.

●● 좋은 화장품은 섞는 '물'이 다르다

사실 화장품 제조 단가에 가장 많은 영향을 주는 것은 바로 '물'이다. 물의 양과 그 물이 어떤 물인지에 따라 화장품 제조 단가가 많이 차이 난다. 물론 유효 성분들이 많이 들어가면 화장품 단가가 높아질 수 있다. 하지만 사실상 판테놀이나 세라마이드 같은 유효 성분이 많이 들어간 화장품은 이미 의약품으로도 구입할 수 있는데, 굳이 비싼 가격의 화장품으로 구입할 필요가 있나 싶다.

고가의 유효 성분을 ppm 등의 단위를 이용해 아주 소량만 넣어 화장품을 판매하는 회사가 많다. 그래서 사실상 화장품 제조 단가를 결정하는 것은 천연수인지 또는 정제수인지 여부와 그 물을 이용해 몇 그램짜리 제품을 만들지의 여부이다.

예를 들어 세라마이드 세럼이라고 하지만 세라마이드 함유량이 적은 30ml의 세럼을 제조하는 가격보다 퀄리티 높은 알로에 수를 이용해 만든 300ml짜리 샴푸를 만드는 것이 제조 비용이 훨씬 비싸다. 하지만 세럼은 비싸도 괜찮다는 인식이 자리 잡혀 있어서 사람들은 30ml의 제조 단가를 따지기보다는 어떤 연예인이 광고했고 어떤 프로그램에 나왔는지를 더 따진다. 화장품 제조 단가보다는 그 유통 과정과 그 과정에서 어떤 연예인이 관여했는지를 더 주의 깊게 보는 것이다. 따라서 유명 연예인이 광고하는 30ml짜리 세럼은 비싸게 구입해도 괜찮지만, 마트에서 구입하는 샴푸의 경우 성분이 아무리 좋아도 비싼 가격을 인정하지 못한다. 결국 두피와 피부에 좋은 성분을 이용한 샴푸 제품이 아니라 유명 연예인이 나와서 찰랑거리는 머릿결을 조작해 만든 광고를 보며 샴푸를 구매하게 되는 것이다.

쉽게 말하면, 앞에서 나에게 전화로 항의한 고객이 자신이 다니는 피부 관리실의 원장님을 믿고 샀기에 4만 원에 구입할 수 있는 제품을 유통의 유통을 거쳐 12만 원에 구입한 것과 비슷한 이치다. 다만 나에게 항의를 한 고객은 이 상황을 인정할 수 없어서 나에게 직접 연락한 것이지만 그 제품을 12만 원에 구입한 사람이 단 한 명뿐이었을까 생각해 본다. 인터넷에 유명하니까, 내가 아는 원장님이 권했으니까 12만 원의 가격이 아깝지 않다고 느끼는 고객들도 분명 있었을 것이다. 나는 화장품 가격에 숨은 불합리한 유통 구조, 과대한 광고비, 포장비 등을 합리적으로 조정해 '착하고 투명한 화장품 가격'을 책정해 소비자에게 공급하고 싶었다.

'못생긴' 화장품 만들기

'착하고 투명한 화장품 가격'을 책정하기 위해 나는 처음 마더스프를 론칭했을 때부터 '못생긴 화장품'을 만들 것이라는 포부를 밝혔다. 용기나 광고보다는 제품력으로 인정받는 화장품, 나 같은 서민을 포함해 누구나 쉽게 접할 수 있는 합리적인 가격의 품질 좋은 화장품을 만들고 싶었다. 이 같은 고민을 거듭한 결과 내가 선택한 유통 및 판매 경로는 유기농 전문 매장을 활용한 것이었다.

현재 마더스프는 '자연드림' 매장을 통해 공급된다. '자연드림'과 인연을 맺음으로써 나는 합리적인 가격으로 제품 용기를 최소한으로 사용해 납품하게 되면서 내가 생각하는 '화장품'에 대한 꿈을 이루게 되었다. 너무 투명한 방식의 유통 경로가 무엇보다 마음에 들었다.

정직하게 만들어진 화장품의 가격은 어떻게 책정될까? 내가 자연드림에 유통하는 '위드알로 수딩 겔' 제품의 유통 단가 중 12%는 리사이클 용기의 부자재 값으로 책정된다. 30%는 인건비를 포함한 제조 단가로 책정되며, 50%는 알로에 농장에서 지급받는 알로에 잎즙 등의 천연물을 제조하고 관리하는 비용과, 사회적 약자들을 위한 후원 비용 등의 사회적 기업 운영비로 활용된다.

이 모든 것을 제하고 남는 마진은 8%이다. 여기서 홍보 등의 비용을 따로 책정한다면 고객들이 제품을 구입하는 비용이 높아질 수밖에 없다. 하지만 나는 '위드알로 수딩 겔'을 봉사하는 마음으로 기획했고, 자연드림의 많은 고객들이 이런 나의 진심을 알아줘서 이 제품은 여름이면 내가 만족할 만한 매출을 올리는 효자 제품이 되었다. 물론 기업마다 추구하는 매출의 단위가 다르겠지만, 나는 정직한 화장품을 만들기로 마음먹었을 때 이미 돈이 아닌 다른 가치를 추구하기로 결심했기 때문에 이 모든 과정과 결과에 감사할

따름이다.

●● 위드알로 제품이 지향하는 '위드'는 지속가능성

'위드알로 수딩 겔'은 이처럼 고객들에게 양질의 제품을 착한 가격에 공급하고, 그 안에서 많은 사람들이 만족감을 느끼고 서로 윈윈할 수 있도록 하자는 계획하에 기획되었다. 마더스프의 다른 제품들의 제조 원리도 이와 비슷하다. 애초에 오로지 수익 창출을 제1의 목표로 화장품을 제조했다면, 나는 알로에베라 잎즙을 조금이라도 더 넣기 위해 이렇게 안절부절하지는 않았을 것이다.

그러나 나는 지속 가능한 사업을 하고 싶었기 때문에 장기적인 안목으로 사업을 기획해야 한다고 생각했다. 제품이 꾸준히 고객들에게 사랑을 받으려면, 합리적인 가격과 제품의 품질이 가장 중요하다고 믿기 때문이다. 나는 좋은 성분을 많이 함유한 제품을 만들고자 했고, 마진을 줄여서라도 합리적인 가격을 책정하고 나와 같은 생각을 공유하는 업체를 통해 유통시키려고 노력했다. 현재까지는 내가 생각한 계획대로 잘 꾸려나가고 있는 중이다.

화장품을 제조하면 떼돈을 번다고 생각하는 사람들도 있고, 거꾸로 떼돈을 벌기 위해 화장품 사업에 뛰어드는 사람들도 있다. 그러나 화장품을 돈으로 생각할수록 사람들의 피부가 망가진다. 조금이라도 더 이익을 내려고 하다 보면 성분보다는 다른 것에 더 신경 쓰게 되고, 그것은 고객들에게 고스란히 전가된다.

내가 지금처럼 양심적이고 정직한 화장품을 만들려고 하는 이유는 무엇보다 지속 가능한 사업을 하고 싶기 때문이다. 내 아이가 바를 수 있는 화장품을 만드는 것이 내가 그토록 재미있어 하고 즐거워하는 화장품 사업을 오랫동안 지속시킬 수 있는 가장 큰 원동력이 될 것이다.

연예인, 인플루언서의 후기는 믿는 자에게만 보인다

●● '화장품 호구'의 기미 앰플 사용 후기 모집

내가 가입한 한 온라인 커뮤니티 카페에 '○○○○ 기미 앰플 써보신 분?'이라는 제목으로 재미있는 글이 올라왔다. 나는 제목을 보자마자 광고 글인가 싶어서 '또 누굴 속이려고?'라고 생각하며 의심의 눈초리로 본문과 댓글을 계속 확인했다.

그 글의 내용은 다음과 같았다.

화장품 호구라 매번 광고에 속아 사서 효과 없음에 좌절하는 1인인데요. ○○○○ 기미 앰플 광고를 보니 또 손이 근질거려서요. 요즘 얼굴에 기미랑 흑자 같은 게 계속 올라와서 화장품이라도 발라서 관리해볼까 하는데 효과는 어떨까요? 광고 사절이고요, 구입해서 써보신 분 실제 후기가 궁금해요.

본인을 '화장품 호구'라고 소개한 회원의 글이 올라가자 다른 회원들의 답글이 올라왔다. 답글을 보니 화장품 회사에서 진행한 광고글은 아닌 듯해 마음이 좀 놓였다. 실제로 이 앰플을 구입해서 써본 듯한 몇몇 사람들이 재미있는 댓글을 달았는데, 댓글 내용이 너무 공감되어 나도 모르게 몰입해서 댓글을 읽어 내려갔다.

댓글 1: 저도 광고만 보면 혹해서 당장이라도 사고 싶은데 그러다 실패한 적이 많아서 정말 궁금했어요.

댓글 2: 저 기미 고민 많은 40세입니다. 기미에 좋은 화장품이란 화장품 다 써봤는데 이것도 3통 사용 후 서비스로 받은 세럼 사용 중이지만 아무 변화를 모르겠습니다. 역시 화장품은 안 되는구나 생각하고 있어요.

댓글 2에는 글쓴이의 답글도 달려 있었다.

댓글 2의 대댓글: 많이 쓰셨네요. 역시 화장품으로는 드라마틱한 효과를 기대하기 어려운가 보네요. 답변 감사해요.

댓글 3: 전 효과 별로요. 길게 안 써서 그럴지도 모르지만요.

댓글 4: 톤이 밝아지는가 싶었는데 이것도 계속 쓰니 모르겠어요.

넘 비싸요.

댓글 4의 대댓글: 잠깐 톤이 밝아지는 대가 치고는 너무 비싸요.

댓글 5: 전 한 통 다 썼는데 잘 모르겠어요. 기미는 피부과 가야 하나 봅니다.

●● "기미는 절대 화장품으로 좋아질 수 없습니다"

나는 회원들의 후기에 격하게 공감되어 맞장구를 치며 "그렇지", "그렇지", "아이고, 잘 알고 계시네"라고 혼잣말까지 했다. 커뮤니티 회원들의 솔직한 후기에 나는 왠지 모를 통쾌함이 느껴졌다. 그동안 내가 끊임없이 주장하는 말이기 때문이다.

"기미는 절대 화장품으로 좋아질 수 없습니다. 피부 톤이 밝아지는 것 외에 화장품으로 기미가 옅어지지는 않아요."

이 말이 팩트인데, 화장품 회사에서는 이 중요한 팩트를 알리는 것을 꼭 빠트리고는 '30일의 약속' 등의 광고로 기미가 없어질 것처럼 소비자를 현혹한다. 그 광고를 믿고 싶은 고객들은 내가 아무리 이야기해도 나에게 되묻는다. "제가 아는 사람이 기미에 진짜 효과 좋은 화장품을 소개받았다는데 그런 것도 있나 봐요"라며 화장품을 이용해 기미를 치료할 수 있다는 의견에 내가 동의하는 말을 듣고 싶어 한다.

그때도 나는 “사기예요”라고 단호하게 이야기한다. 물론 그 고객은 후기에 혹해서 제품을 구입하고 나서 한 달이나 두 달 후에 또 속았다며 그때 내 말을 들었어야 했다고 푸념을 늘어놓곤 한다.

나도 지난 시간 동안 많은 고객들을 관찰하며 기미 화장품을 분석해봤는데 미세하게 피부 톤이 밝아지는 것 외에 기미 자체가 없어지거나 드라마틱하게 치료되는 광경을 본 적이 없다. 앞서 커뮤니티 카페에 올린 어느 회원의 댓글처럼 잠시 톤이 밝아지는데 얼마의 돈을 쓸 것인지가 관건이라 해도 과언이 아니다.

기미라는 병변은 피부과에서도 아주 어렵게 생각하는 부분이다. 내가 근무했던 병원마다 기미 치료법이 다양했다. 레이저 시술을 1년 동안 할 것을 권하는 병원도 있었지만, 기미에는 절대 레이저 시술을 하지 않는 병원도 있었다. 후자의 경우에는 기미는 치료하기 까다롭다는 말과 함께 드라마틱한 효과를 보기는 힘들겠지만, 더 악화되는 것을 막기 위해 미백 효과가 좋다고 알려진 비타민C를 이용한 메조 테라피를 받거나 비타민C를 복용하며 관리해볼 것을 권했다. 하지만 이 관리로도 드라마틱한 효과를 본 사람을 본 적은 단연코 없다.

그래서 나는 기미 관리를 이렇게 이야기한다. 기미는 생기지 않게 하는 것이 가장 중요하고, 자외선 차단제로 자외선을 잘 차단해야 한다고 말한다. 그리고 기미가 생겼다면 왜 기미가 생겼는지 고민해 보고 그 원인을 개선할 것을 먼저 권유한다.

만일 임신과 출산 후 생긴 기미라면 출산 후 시간이 가면서 점

점 연해지므로, 출산 후에 피부에 적당한 보습을 취하며 몸을 제대로 회복하는 것에 집중하면 기미는 자연스럽게 없어진다. 그 외에 내분비 이상, 유전인자, 영양 부족, 간기능 이상 등의 스트레스 상황을 먼저 체크해야 한다. 절대로 화장품만으로 기미를 치료할 수 있다는 말에 현혹되지 않기를 간절히 바란다.

생활 습관이 피부로 나타난다

앞에서도 언급한 '화장품 호구'라는 신조어는 참으로 실소가 나오는 단어다. 나와 상담했던 고객 중 A씨는 본인을 스스로 '화장품 호구'라고 소개하며 상담을 요청했다. 나는 A씨와 대화를 나누면서 다소 충격을 받았는데, A씨는 화장품이 아주 비싸지 않는 한은 한두 번 쓰더라도 거의 사는 편이라고 했다. 그래서 화장품 비용으로만 한 달에 몇십만 원, 1년에 몇백만 원어치를 사는 데다 당장 필요하지도 않은 제품들을 사들여 집에 쟁여놓는다고 했다.

이보다 더 심각한 문제는 구입한 화장품이 매번 효과가 없어서 실망하면서도 어느샌가 광고를 보며 장바구니에 화장품을 담고 있는 자신을 발견한다는 것이었다. 스스로 '화장품 호구'를 자처하면서까지 본인의 행동을 멈추지 못하고 있는 A의 모습이 상당히 놀라웠다. A씨와 같은 사람들이 화장품을 불필요하게 구입하는 것은 광고를 철석같이 믿었기 때문일 것이다.

나는 A씨에게 이렇게 물었다.

"백옥처럼 하얗고 예쁜 피부를 자랑하는 연예인이나 인플루언서가 단지 화장품만 바르고 많은 사람들이 부러워하는 피부를 유지할 수 있을까요?"

나의 질문에 A씨는 멋쩍은 듯 웃으며 대답했다.

"아니겠죠? 좋은 것도 많이 먹고 피부과에서 관리도 계속 받겠죠?"

A씨와 비슷한 행동을 하는 대부분의 사람들은 이렇게 생각하고 이야기할 것이다. 하지만 나는 이보다 더 중요한 것은 생활 습관이라고 생각한다. 한마디로 철저하게 자기 관리를 하는 라이프 스타일이 그들의 백옥 같은 피부를 만들었다고 이야기할 수 있다.

또 다른 고객 B씨는 일반인인데도 꿀피부를 자랑한다. 그런데 그녀는 자기만의 원칙을 깨트리는 법이 없다. 퇴근 후 일과가 끝나면 샐러드로 가볍게 식사를 하고 필라테스를 한다. 샤워 후에 크림 하나만 발라도 그녀의 피부는 윤기가 난다.

매일 새벽에 출근해야 하는 그녀는 밤 10시에 라면을 먹는 일 따위는 절대 하지 않는다. 또한 그녀는 과음을 하거나 야식을 하는 일이 없다. 평상시의 생활 습관이 잘 길들여져 있어서 가끔 친구들을 만나서 치맥을 즐겨도 그녀가 꿀피부를 유지하는 데 영향을 주지 않는다. 부모님에게 좋은 피부를 물려받기도 했지만, 그녀는 절제된 라이프 스타일과 꾸준히 실천하는 노력으로 꿀피부를 유지하고 있다.

중요한 것은 피부과에서 관리받는 것이 아니다. 연예인과 인플루언서가 내세우는 화장품은 돈을 받고 연기하는 광고일 뿐이고, 그들은 그들 나름대로의 방법과 노하우를 통해 피부를 관리하고 있었을 것이라는 사실을 소비자들은 자꾸 잊어버린다.

나는 A씨에게 불편한 진실을 한 번 더 이야기했다.

"그 연예인이 지금 A씨와 같은 생활패턴으로 살면서 A씨가 구매한 화장품을 바른다 해도 백옥처럼 하얗고 예쁜 피부를 유지할 수 있을까요?"

이런 질문은 대개 폭탄처럼 터져서 A씨와 같은 사람들은 내 질문에 입을 다물고 만다.

내 피부의 문제가 어디서부터 시작되었는지 추적하자

충격요법을 쓰는 내 마음도 편하지 않다. 하지만 '화장품 호구'에서 빠져나올 수 있는 방법은 화장품에만 있지 않다. 화장품의 문제가 아닌, 결국 나에게서 비롯된 문제이므로 해결의 출구도 자기 자신에게서 찾아야 하는 것이다. 내가 이렇게 '뼈 때리는' 질문을 하는 이유가 바로 여기에 있다.

스스로를 '화장품 호구'라고 이야기하는 사람들은 피부의 문제가 화장품에서 시작된 것이 아니라는 것을 알더라도, 그 점을 인정하고 싶지 않고 조금 쉽게 피부를 가꾸고 싶어서 광고를 믿는다. 그래서 비슷한 제품을 또 사고, 또 속고, 또 믿고, 또 사고, 또 속는 일이 반복된다.

최근에 상담한 한 고객은 피부를 제법 잘 관리해서 피부에 윤기가 나고 피부 톤도 밝았다. 물론 노메이크업 상태는 아니었지만, 피부를 관리하는 데 관심이 많은 분이라는 것을 알 수 있었다. 나름대로 집에서 천연팩을 만들어서 관리하고 있었는데 효과가 없는 것 같다며 제품을 구입하고 싶다고 했다.

제품을 구입하는 것과 별개로 자신만의 피부 상태에 맞게 천연팩 등 여러 가지 방법으로 피부를 관리하고 있다는 말에 나는 진심으로 그 고객을 칭찬했다. 나에게 화장품을 구입하더라도 지금 하고 있는 자신만의 노하우대로 지속적으로 피부 관리를 하실 것을 요청했다.

사람들의 피부 타입은 너무나도 다양하다. 피부 타입에 상관없이 연예인이나 인플루언서가 추천한다고 해서 덜컥 제품을 구매해 사용한다고 해서 그들처럼 되는 것도 아니다. 그것은 누구나 알고 있는 팩트다. 정말 보기 좋은 피부를 만들고 싶다면 어떤 연예인이 무엇을 광고하는지보다 지금 내 피부가 어떤 환경에 있는지를 먼저 체크해야 한다. 예를 들어 내가 가장 많이 머무르는 곳의 습도나 온도를 체크하고 미세먼지의 농도도 체크하는 식이다.

이런 환경 요인 하나하나가 모두 피부에 영향을 준다. 스트레스, 수면의 질, 식습관도 피부에 영향을 준다. 이러한 전반적인 상황을 먼저 체크해 보고 내 피부의 문제가 어디서부터 시작되었는지를 분석해서 환경을 개선하는 것이 피부 문제를 해결하는 가장 좋은 방법이 된다. 화장품은 그다음이다.

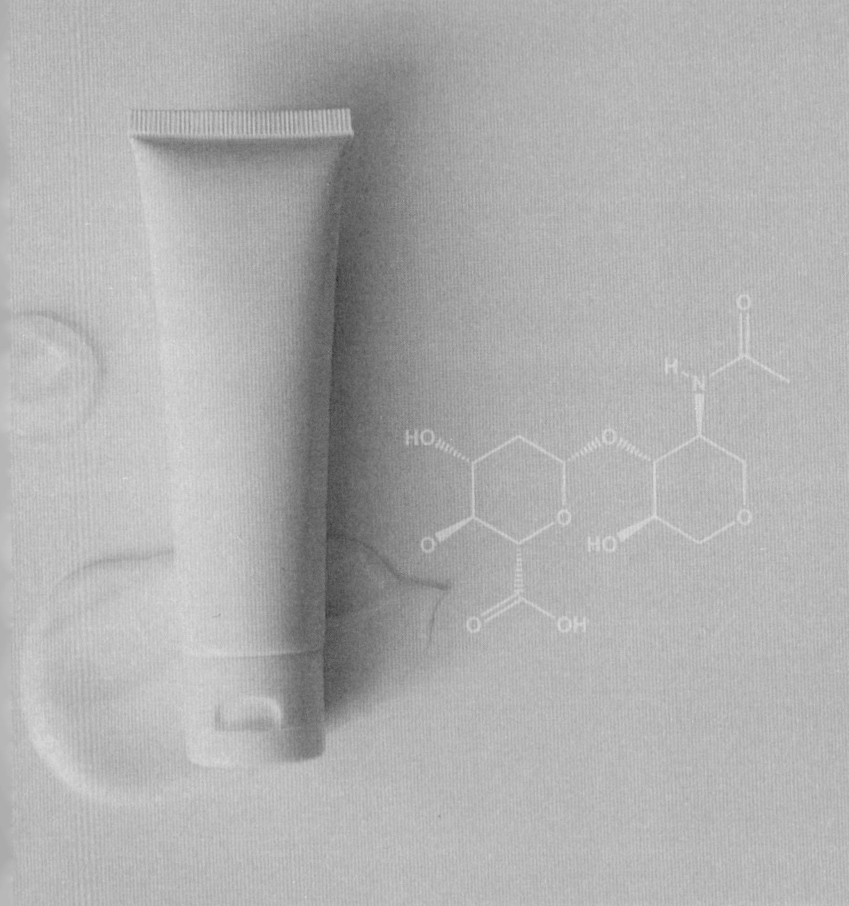

O
H
N
HO
O
O
O
HO
O
O
OH

3장

바른 화장품,
바르게 고르고
바르게 바르는 법

판매자 말고 구매자의 입장에서 구입하라

●● 소비자들은 잘 모르는 아이크림의 진실

마더스프는 생협의 유기농 식품 브랜드 매장인 '자연드림'에서 판매되고 있다. 생협에서는 주기적으로 조합원을 대상으로 생산자 간담회를 연다. 2022년 3월 '화장품에 대한 바른 생각'을 주제로 조합원과 간담회 시간에 강연을 한 적이 있다. 당시 한 조합원이 이런 질문을 해왔다.

"대표님, 제가 원래 화장품을 잘 안 바르는데요. 이상하게 홈쇼핑만 보면 지름신이 와요. 엊그제도 홈쇼핑을 보는데 여배우 ○○○가 나와서 자기는 아이 크림을 얼굴 전체에 바른다던데, 그래도 되는 거예요? 그 이야기를 들으니 저도 사고 싶더라고요. 진짜 아이 크림을 얼굴 전체에 바르면 효과가 좋을까요?"

조합원님의 질문에 나는 "방송을 보면 사고 싶은 생각이 드시죠? 저는 홈쇼핑 방송을 안 보고 살지만, 저라도 그 방송을 봤다면 사고 싶었을 거예요"라고 대답하고 다음 설명을 이어갔다.

"아이 크림을 얼굴 전체에 바른다고 해서 안 될 건 없어요! 하지만 비슷한 제품이 있다면 굳이 얼굴 전체에 바르기 위해 아이 크림을 따로 구입하실 필요도 없습니다."

아이 크림의 주된 성분은 '아데노신'이다. 주름을 개선하는 이 성분이 일정량 이상 들어가야 화장품에 '주름 개선'이라는 홍보 문구를 사용해서 판매할 수 있다. 그 점을 이용해 눈 주위만 특별히 관리하라는 기획하에 만들어진 화장품이 바로 아이 크림이다. 하지만 아데노신 성분 자체는 항염, 소염, 피부재생 등의 기능이 있다고 알려져 있어서 눈 주위뿐만 아니라 얼굴 전체나 몸 전체에 발라도 무방하다. 언뜻 생각하기에 '아이 크림을 얼굴에 다 바르면 더 좋다'라고 생각할 수 있겠지만, 나라면 얼굴에 잔뜩 바를 생각으로 무작정 홈쇼핑에서 판매하는 아이 크림을 구입하지는 않을 것이다.

구매 전에 확인해야 할 네 가지 체크 포인트

만약 충동적으로 계획에 없던 화장품을 사고 싶은 생각이 든다면 나는 구매자의 입장으로 다음의 네 가지 사항을 확인할 것이다.

첫째, 내가 가지고 있는 화장품과 겹치는 제품이 없는지 체크한다. 앞의 조합원 질문에 답하자면, 아이 크림을 만드는 베이스는 평상시에 바르는 로션과 크게 다를 것은 없다. 로션, 크림 등의 제형을 만드는 성분인 물, 글리세린, 여러 유화제 및 점증제 등의 제형을 만드는 성분들을 섞은 후 피부에 영양을 주는 유효 성분들과 아데노신을 비롯한 나이아신아마이드(미백 기능성 성분) 등의 기능성 고시 성분을 넣고 추가로 여러 가지 펩타이드 성분들을 함유하는 경우가 많다. 따라서 내가 가지고 있는 화장품 중에 아이 크림과 성분이 겹치는 기능성 크림은 없는지 먼저 확인한다. 성분을 확인하려면 화장품 케이스 뒷면을 보거나 '화해'라는 어플을 이용하면 된다.

둘째, 나에게 알레르기 반응을 일으킬 성분이 없는지 체크한다. 일반 사람들은 대개 자신이 어떤 화장품 성분에 알레르기 반응을 일으키는지 잘 모르고 지나가는 경우가 많다. 물론 알레르기가 유발되지 않는 경우도 많지만, 나는 개인적으로 화장품에 성분이 많이 들어 있는 것보다는 적게 들어 있는 것을 추천하고 싶다. 화장품 성분이 많이 들어간 제품일수록 소비자가 알레르기에 노출될 위험이 더 커진다는 뜻이다.

조합원이 나에게 문의했던 아이 크림에는 화학 성분과 자연 유래 성분을 통틀어 약 190여 개의 성분이 들어 있었다. 30ml 아이 크림 하나에 190여 개의 성분이 들어 있다는 것은 자신의 면역력에 따라 알레르기가 유발될 가능성도 더 많다는 뜻이다. 순간적으로 '사볼까?'라는 생각으로 190여 개의 성분을 내 피부에 테스트하

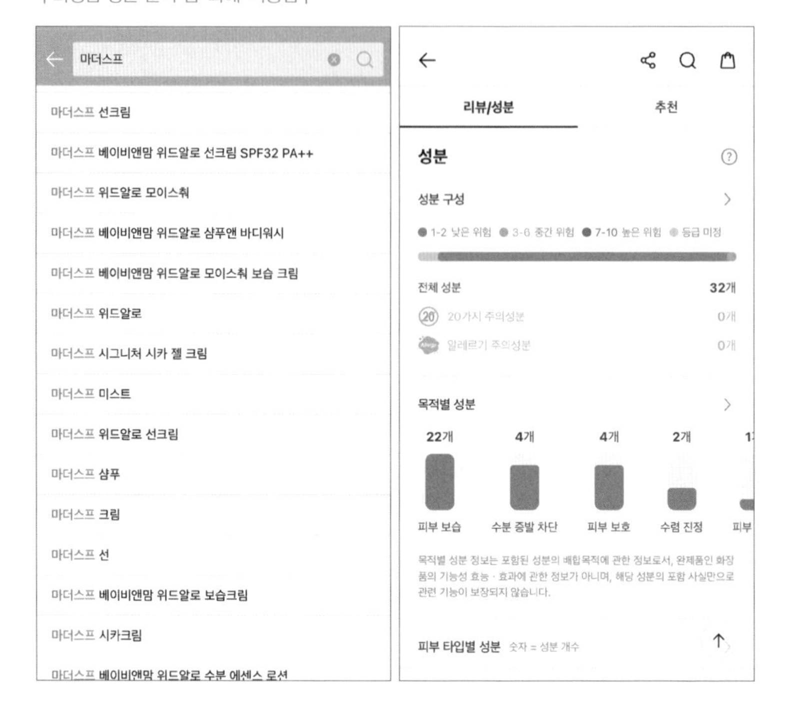

는 것과 같다고 생각하면 될 것 같다. 중요한 점은 내가 어떤 성분에서 알레르기가 유발되는지를 모른다는 것이다. 그래서 남들은 가끔 좋다고 해서 샀는데 내 얼굴만 퉁퉁 붓거나 알레르기가 심하게 유발되는 상황이 생기는 것이다.

셋째, 가격이 합리적인지 생각해 본다. 조합원이 문의한 제품은 30ml에 2만 원 상당의 아이 크림으로, 아이 크림 15개를 8만 원대에 판매하니 2만 원짜리 제품을 1개당 5천 원 꼴에 구매할 수 있어서 '득템'했다고 쾌재를 부를 수도 있다. 하지만 화장품을 직접 제조해 생산해본 내가 보는 입장은 다르다.

30ml 제품이 15개면 450ml 정도의 용량이다. 흔히 생각하는 500ml 정도의 보습 크림을 생각해 보면 된다. 인터넷으로 검색해 보니 이런 보습 크림의 가격이 3만 원을 넘는 제품은 드물다. 500ml 정도의 보습 크림을 8만 원 대에 살 사람은 없을 것이다. 이 아이 크림은 500ml 정도의 보습 크림에 아데노신, 나이아신아마이드, 펩타이드 정도의 기능성 성분만 추가된 것이다. 참고로 아데노신, 나이아신아마이드, 펩타이드 등의 성분들은 제품 원가를 확 바꿀 정도로 고가의 성분이 아니다. 결론을 말한다면, 버려질 튜브 15개와 홈쇼핑 쇼 호스트들의 출연료 등으로 쓰이게 될 플러스 알파의 비용을 지불하고 아이 크림을 구입하는 것이다.

넷째, 여배우의 고운 피부는 잊어라. 혹시 여배우의 고운 피부에 매료되어 제품을 살지 말지 고민이라면 그 여배우는 화장품을 듬뿍 발라서 고운 피부를 유지하는 것이 아니라는 것을 꼭 잊지 않았으면 좋겠다. '이 제품을 바르면 나도 똑같이 저 모델처럼 고운 피부가 될까?'라는 기대를 하고 있다면 사지 않는 것이 좋다.

하나하나 따져보면 이성적으로 판단할 수 있다

나에게 질문한 조합원에게도 똑같은 방법을 권했다. 이렇게 생각해본 그녀는 어떤 결정을 했을까?

그 조합원에게는 이미 기능성 제품이 있었다. 아데노신, 나이아신아마이드, 펩타이드 모두 들어 있는 제품이었다. 굳이 같은 성분의 제품을 살 필요는 없다는 결론을 내렸다. 게다가 조합원의 피부는 예민한 타입이었다. 그래서 190여 개의 성분에 대한 피부 테스트를 하지 않기로 했다. 조합원은 가격적인 부분에서도 몰랐던 점을 생각하게 되었다고 했지만, 한 번만 버리면 될 튜브를 15번 버릴 생각을 하니 환경을 생각해서도 구입하지 않는 것이 좋을 것 같다는 생각이 들었다고 했다. 마지막으로, 여배우의 고운 피부가 부러웠는데 앞으로 물을 더 많이 먹고 운동도 꾸준히 해야겠다고 다짐했다고 했다. 그리고 조합원은 이런 방식으로 체크해 보면 충동구매를 하지 않을 것 같다고 고마워했다.

너무 많은 화장품의 광고를 접하다 보면 이성적인 판단이 흐려지기도 한다. 화장품을 구입하게 되는 이유는 다양하다. 하지만 홈쇼핑이나 화장품 광고를 보다가 충동적으로 사고 싶다는 생각이 들 때는 판매자의 입장이 아닌 구매자의 입장에서 생각해 보고 결정하면 충동구매를 줄이고 피부 건강에도 도움이 된다. 피부를 더 건강하게 만들거나 예뻐지기 위해서 화장품을 산다고 생각하지만 오히려 그 반대의 상황이 생길 수도 있다. 화장품을 많이 바른다고 해서 절대 피부가 더 건강해지거나 예뻐지지 않는다. 오히려 그 반대다.

●● 과한 화장품은 나에게 독이다

《내 피부에 올바른 화장품 선택》(허지애 옮김, BG북갤러리, 2007)의 저자 모리타 아츠코는 승무원 생활 1년 만에 알레르기성 기관지 천식으로 휴직했다가 복직한 뒤에 본인의 피부가 예전과 같지 않다는 것을 느꼈다. 그녀가 사용했던 스킨, 로션 등의 모든 화장품이 그녀의 피부에 다 맞지 않게 되었다고 한다. 승무원 생활을 하려면 화장품을 꼭 사용해야만 했는데, 갑작스러운 발병으로 면역력이 약해진 그녀의 피부가 화장품을 받아들이지 못하고 알레르기 반응을 보인 것이었다. 만약 화장품에 피부를 건강하게 해줄 능력이 있었다면, 화장품을 바르고 그녀의 모든 알레르기 반응이 해소되었어야 맞다. 하지만 그 반대의 상황이 되었던 것이다.

이렇듯 판매자들은 피부 건강이나 아름다운 피부를 위해 화장품 사용을 권하지만, 구매자들은 화장품으로 인해 결국 피부가 더 약해질 수도 있다는 것을 생각하고 화장품을 구입해야 한다. 과한 것은 독이 된다. 음식에 감칠맛을 내기 위한 소금도 너무 많이 넣으면 짜다. 내가 경험해 보니 화장품도 다를 것이 없다.

최고의 화장품은 '잘 먹고 잘 자고 잘 노는 것'이다

●● 화장품은 심플하게 바르자

우리나라의 화장품은 참 복잡하고 종류도 너무 많다. 내가 20여 년간 화장품업계에 있으면서 깨달은 점은 바로 화장품을 심플하게 사용해야 피부에 이롭다는 것이다. 계속 강조하는 말이지만 광고에서 하는 이야기대로 우리 피부가 관리될 수 있다면 아름다운 피부를 위한 갖가지 방법이 이렇게 성행하지 않을 것이다.

화장품 시장이 이렇게 거대해지고 계속 또 다른 화장품과 광고가 쏟아지는 이유는 무엇일까? 그동안 소비자들은 광고에 나온 대로 이렇다 할 효과를 보지 못했기 때문은 아닐까? 그도 그럴 것이 광고하는 그 많은 화장품을 다 바른다고 해서 광고처럼 드라마틱하게 피부가 관리되지 않는다는 것을 경험으로 웬만큼 인지하고 있지만, 미워도 다시 한 번이라면서 화장품 광고를 또 믿고 싶은 마음 때문은 아닐까?

그러나 확실하게 말할 수 있다. 지난 20여 년간 화장품업계에 있으며 비싼 화장품뿐 아니라 다양한 화장품을 많이 접해봤다. 그 경험을 바탕으로 내가 최고로 여기는 화장품은 바로 '잘 먹고 잘 자고 잘 노는 것'이다.

피부를 위해서라면 '잘잘잘' 세트

'잘 먹고 잘 자고 잘 노는 것', 이른바 '잘잘잘' 세트가 피부에는 최고의 화장품이다. 이 '잘잘잘' 세트야말로 그 어떤 값비싼 화장품보다도 당신의 피부를 젊고 아름답게 유지시켜준다는 것을 감히 장담할 수 있다. 단, 잘잘잘 세트를 제대로 원리대로 잘 해야 한다는 전제조건을 잘 지킨다면 말이다. 아무것이나 먹고 아무 시간에나 자고 신체 활동 없이 노는 것은 큰 의미가 없다.

'잘 먹기'란 균형 잡힌 식단을 말하며 건강에 유해가 되는 식품들은 되도록 접하지 않는다는 의미다. '잘 자기'는 평균 수면 시간을 6~8시간 정도로 유지하며 되도록 밤 10시부터 새벽 3시, 즉 성장 호르몬이 생성되는 시간에는 잠들어 있는다는 의미다. 나는 우스갯

소리로 중년이 넘은 사람들은 절대로 신데렐라를 꿈꾸지 말라고 강조하곤 한다. 밤 12시에는 무조건 잠을 자고 있어야 한다고 이야기하기도 한다. 성장 호르몬이 피부에 도움을 주는 원리는 앞에서 누누이 설명한 대로이다.

'잘 놀기'란 세라토닌, 도파민 등의 행복감과 만족감을 주는 호르몬이 생성되는 행위를 말한다. 이 잘 놀기에는 반드시 신체 활동이 동반되어야 한다. 신체 활동 없이 도파민과 세라토닌의 생성이 계속되어 호르몬이 과다 분비될 때에는 '중독'에 의한 다른 문제가 생길 수 있다.

나는 화장품을 기획하고 판매하지만 언제나 이 '잘잘잘' 세트의 중요함을 먼저 강조한다. '잘잘잘' 세트가 제일 효과가 좋고 부작용이 없는 화장품이 되기 때문이다.

화장품(化粧品)은 얼굴을 아름답게 꾸며준다는 뜻이다. 그런데 언제부터인지 색조보다도 '보습'이나 '노화 방지'에 초점이 맞춰진 화장품이 시장에 성행하게 되었다. 피부가 아름다워지는 데도 본질을 놓쳐서는 안 된다. 모든 화장품 광고에 꼭 '잘잘잘 세트는 기본입니다'라는 말이 생략되어 있다고 생각하고 화장품 광고를 접하면 좋다.

화장품 기획자의 화장 생활

화장품을 기획하고 강연도 나가다 보니 많은 분들이 나는 어떤 화장품을 쓰는지 궁금해한다. 오랜 시간 동안 화장품업계에 있었기 때문에 성분을 보는 눈도 있고 명품 화장품을 볼 줄 아는 안목도 생겼을 것이라 생각해서이지 않을까 싶다.

내가 쓰는 화장품은 계절에 따라 바뀌지만, 거의 한두 개만 바르는 편이다. 봄에는 주름 미백 기능이 있는 시카 크림을 하나 바르고, 좀 건조함이 느껴질 경우 추가로 오일을 바르는 정도이다. 여름에는 주름 미백 기능이 있는 시카 크림 하나만 바른다. 나도 시카 크림을 마음의 안정을 위해 바른다.

날이 조금 쌀쌀해지고 피부의 건조함이 느껴지기 시작하면 다시 봄처럼 시카 크림에 더해 오일을 바른다. 그리고 겨울에는 피부의 건조함이 느껴지는 상황에 따라 겔 타입의 시카 크림은 생략하고 비슷한 성분으로 유화가 된 크림 타입의 주름 미백 수분 크림과 오일을 바른다. 마음의 안정을 위해 시카 크림을 아이 크림 대용으로 눈 밑에 먼저 바르기도 한다. 내가 바르는 화장품은 이 정도이다.

강연이 있는 날에는 유화된 크림 타입의 제품을 바르고 그 위에 선크림을 바르는 정도이다. 이렇게 발라도 건조함이 느껴지지 않는다. 내가 이렇게 화장품 미니멀리즘을 실천한 것은 벌써 10여

년이 되었는데, 내 피부는 언제나 만졌을 때 매끈하며 트러블도 잘 나지 않는다.

피부를 위한 실천도 심플하게 하자

지난 20여 년 화장품업계에 있으며 많은 화장품을 접했고 또 화장품을 판매하기도 했다. 그 20여 년의 경험을 통해 내가 깨달은 것은 좋은 피부와 건강한 피부를 만드는 데 화장품의 역할은 크지 않다는 것이다. 사실 화장품보다 중요한 것은 바로 나의 면역 체계, 즉 내 속에 있는 세포들의 역할이 크다는 것이다. 매일매일 그 세포들을 깨우기 위해 나는 4년 동안 새벽 기상을 실천하고 있다.

새벽 기상으로 하루를 준비하며 잘 놀 계획을 세우고, 그렇게 하루 동안 잘 놀고 나면 저녁에는 10시에서 11시 사이에 잠을 자지 않고는 버틸 수 없어진다. 그 다음날 다시 새벽 기상을 하고 하루를 잘 놀고 나면 또 잘 잘 수 있다. 균형 잡힌 식단을 실천하는 것이 가장 어려운데, 늘 만족스럽지는 않아도 자연드림 매장을 이용하며 알레르기 유발 성분이 덜 첨가된 제품을 먹으려고 한다. 그리고 챙겨 먹기 힘든 채소를 먹기 위해서는 자연드림 등의 유기농 매장을 이용하거나, 채소가 들어 있는 식품을 정기 구독한다.

화장품을 바르게 고르는 방법 중 가장 중요한 핵심은 '잘잘잘'을 잘 실천하는 것이다. 그다음에 계절이나 환경 변화에 맞춰 내 피부의 변화를 잘 관찰해 수분과 유분 밸런싱을 맞춰주며 화장품을 바르면 된다. 마음의 안정을 위해 기능성 성분을 선택하는 것이나 그 가격을 선택하는 것은 개인의 취향에 맞추면 된다. 화장품은 절대 복잡한 것이 아니다. 아주 심플하다.

피부에는 인생이 담겨 있다

●● 아무리 많이 발라도 건조함이 가시지 않았던 고객

피부 고민을 이야기하는 고객들에게 내가 기본적으로 권하는 방법은 '화장품 다이어트'이다. 화장품 다이어트란 말 그대로 화장품을 '덜' 바르는 것이다. 그런데 이런 내 원칙에 고민거리를 던져준 고객이 있었다. 그 고객의 고민은 '건조함'이었는데, 그녀의 고민이 나의 고민이 되었던 것이다.

그 고객은 아토피 피부도 아니었는데 어떤 화장품을 발라도 피부에서 건조함이 느껴진다고 했다. 건조하다는 고객의 고민과 달리 겉으로 보기에 피부가 너무 고운 그녀는 피부과에 가서도 물을 많이 먹으라는 조언과 함께 보습제만 잔뜩 추천받았는데 병원에서 진료를 받아도 피부 건조함이 잡히지 않았다고 했다.

처음 나는 고객에게 (내가 생각하기에) 유분감이 많은 우리 제품을 소개했다. 피부 보습 시간이 꽤 길어서 고객에게 맞을 거라고 생각했던 것이다. 우리 제품을 구입해서 얼마 동안 쓴 고객은 여전히 건조하다는 피드백을 줬다. 그래서 이번에는 수분감이 많은 제품과 유분감이 많은 제품을 동시에 사용해볼 것을 권했다. 그래도 고객은 건조한 느낌이 여전하다고 호소해 왔다.

나는 세 번째로 수분감 많은 제품, 오일 제품, 유분감 많은 제품을 총 3개 추천하며 내가 안내해 줄 수 있는 보습은 여기까지라고 이야기했다. 고객의 결과는 좋지 않았다. 세 번째 시도에서도 고객이 느끼는 건조함은 여전했다. 고객은 화장품 한 개를 썼을 때와 세 개를 썼을 때의 차이가 없으며 다른 회사 어떤 제품을 사용해도 자신의 건조함이 잡히지 않는다며 우울해했다.

우울증과 같이 온 건조함

평소 그 고객과 SNS 메시저로 상담을 진행했던 나는 건조함이 잡히지 않아 우울해하는 고객에게 조심스럽게 물었다.

"혹시 드시는 약이 있으세요?"

나는 고객의 피부 고민이 왠지 피부의 문제가 아닌 심리적 영향에서 비롯된 것 같다는 생각이 들었다. 내가 성형외과의 상담실장으로 근무할 때도 자신의 코가 마음에 들지 않는다며 일곱 번 넘게 코 수술을 하는 환자를 접한 적이 있었는데, 그 환자 역시 심리적 영향으로 코를 계속 수술해 심리적 불편함을 해소하고 싶어 했다. 그때 그 환자와 어딘가 비슷한 느낌이 들어서 고객에게 조심스레 물었는데 고객의 대답은 예상대로였다.

고객은 "우울증 약을 복용한 지 5년 되었어요"라며 자신의 이야기를 시작했다. 그녀는 메신저 상담이어서 오히려 편안함을 느꼈는지 자신의 이야기를 모두 풀어냈다. 자신의 직업, 사랑하는 사람과 결혼을 준비했던 당시의 이야기, 상대방의 잘못으로 결혼이 무산되고 나서 느끼게 된 허무함과 배신감에 더해 현재의 외로움까지 다 이야기했다. 결혼을 약속한 사람과 헤어지고 나서 심한 우울증을 앓았고 그 이후 1년이 지나 우울증 약을 복용하기 시작했는데 그 세월이 5년이 넘었다고 했다.

그녀는 나에게 모든 것을 털어놓고 마지막에 불필요한 이야기까지 다 했다며 서둘러 상담을 마쳤지만, 며칠 후 그녀에게서 희소식이 날아왔다. 3개의 제품을 모두 바르니 건조함이 덜 느껴진다는 대답이었다. 처방은 이전이나 지금이나 마찬가지였는데, 그 효과가 자신의 마음을 털어놓은 뒤에야 비로소 나타났던 것이다.

고객은 내가 추천한 화장품 라인이 매우 효과가 좋았다며 언니, 엄마 등 가족을 비롯해 친구, 지인들까지 연결시켜주며 우리 제품을 정말 좋은 화장품이라고 극찬했다. 5년 동안 어디서도 해결하지 못한 건조함을 잡아준 화장품이라고 매우 고마워하기도 했다.

건조함의 원인은 심리적 스트레스

나는 고객의 변화가 무척 반가웠지만, 그 변화의 가장 큰 동력이 우리 제품이었다고는 생각하지 않았다. 고객이 인정할지 안 할지는 차치하더라도, 그녀의 피부에서 발생된 '건조함'의 원인 가운데 가장 큰 것이 심리적인 스트레스라고 판단했기 때문이다. 앞에서 소개한 바 있는 영국 의학박사 몬티 라이먼은 저서 《피부는 인생이다》에서 이렇게 쓰고 있다.

> 마음은 피부와 접촉한다: 정신 상태는 피부의 물리적 상태에 영향을 줄 수 있다. 심리적 스트레스로 건선이 악화되는 것이 그 예에 해당한다.
>
> – 몬티 라이먼, 《피부는 인생이다》, 제효영 역, 브론스테인, 2020

이 책이 출간되기 전부터 나는 고객들과 상담했던 경험을 통해 피부와 정신적 스트레스가 관계 있다는 생각을 줄곧 해왔다. 그렇다. 마음과 피부는 접촉한다.

마음과 피부는 접촉한다

어느 날 사무실에 60대 정도의 여성 고객이 찾아와서 나와 상담하고 화장품을 구입하길 원했다. 그런데 그 고객은 자신의 화장품을 구입하려는 것이 아니라 아들의 화장품을 사길 원했다. 아들이 쓸 화장품을 사러 나왔던 길에 우연히 우리 사무실로 발걸음을 하게 된 것이다.

사무실은 온라인으로 주문받은 제품을 택배 포장을 해서 발송하는 곳이기 때문에, 사무실에는 고객들이 방문해도 마땅히 둘러볼 만한 제품 전시 공간이 따로 없었다. 그래서 갑작스러운 고객의 방문에 놀랐지만 차분히 고객의 말에 귀를 기울였다.

아들의 직업은 요리사인데, 매일 뜨거운 곳에서 일해서 그런지 피부가 많이 붉어져 있고 예민해 보인다고 했다. 그런 피부를 보면 많이 속상하다며 고객은 눈물을 보였다. 아들의 피부를 볼 때마다 아들이 고생하는 것 같아서 마음이 아팠던 것이다. 고객은 아들을 위해 보습력이 강한 보습제를 사주고 싶다고 했다. 그러나 나는 고객에게 보습력이 강한 제품을 권할 수 없다고 했다.

"더운 곳에서 일하면 땀을 많이 흘리실 텐데 보습제가 강하면 오히려 피부가 견뎌야 할 무게가 더 무거워집니다. 피부에 더 안 좋은 영향을 줄 수 있어요. 보습제보다는 열감을 조절할 수 있는 알로에 미스트를 뿌려 피부의 열감을 조절하는 게 더 효과적입니다."

나는 미스트를 추천하며 되도록 시원하게 보관할 것과 수시로 피부에 분사하도록 해주고 요리를 하지 않는 시간에는 차가운 알로에 미스트를 이용해 피부 진정을 같이 해줄 것을 안내했다. 그리고 아들을 불쌍하게 보지 말고 자랑스럽고 대견하게 여기시라고 부탁드렸다.

몬티 라이먼 박사의 말대로, 피부는 마음과 접촉한다. 겉으로 드러나는 피부 증상이 생기면 정서적, 심리적으로 다양한 영향이 발생할 수 있다. 그 영향은 자신뿐 아니라 가족에게도 영향을 줄 수 있다. 서로 영향을 받는다. 나는 괜찮은데 가족이 나를 걱정스럽게 바라보면 그 마음이 어떨까? 걱정이 두세 배로 늘어난다.

아이가 24개월일 때 피부가 안 좋았다. 그때마다 내가 평소 얼마나 딸의 피부를 걱정스럽게 바라봤는지, 말도 제대로 못하는 아이가 엘리베이터의 거울을 보며 자신의 피부를 손짓하며 슬픈 표정을 지었다. 그때 나는 내가 딸에게 어떤 메시지를 주고 있는지 깨달았고, 그때부터 "괜찮아, 많이 좋아졌네"라고 말해주며 웃는 모습을 더 많이 보여주고 잘하고 있다고 예쁘다고 더 많이 말해줬다. 그 이후 딸아이의 피부는 급속하게 더 좋아지기 시작했다.

연예인 피부에 숨은 '팩트'

우리 피부 안에서는 우리가 알아차리지 못하는 많은 일들이 일어난다. 따라서 피부 상태를 보면 그 사람의 인생이 보이기도 한다. 그 사람의 직업도 유추된다. 농부의 피부는 검게 그을렸을 것이다. 지나치게 흰 피부를 보면, 이 사람이 햇빛에 자주 노출되지 않는 직업을 가졌음을 유추할 수 있다.

흔히 나이에 어울리지 않을 정도로 지나치게 젊고 고운 연예인들의 피부를 보통 사람들마저도 자기 피부의 기준으로 삼곤 하는데, 이는 엄연히 잘못된 기준이다. 비현실적으로 좋은 그들의 피부는 그들의 직업상 요구되는 기준이지 보통 사람들이 잣대로 삼아야 할 기준은 아니기 때문이다.

연예인들은 직업상 자신을 노출시키고 미모를 돋보이게 해야 해서 피부 관리에 매우 긴 시간과 많은 비용을 들인다. 아이를 키우는 엄마들은 아이들 양육에 온 신경을 쓰고, 농사를 짓는 농부들은 농작물에 온 신경을 쓰는 것처럼 말이다. 농부와 아이 엄마가 TV 속 연예인들과 같은 정성으로 피부를 관리한다는 것은 현실적으로 불가능하다. 이것이 연예인 피부에 숨은 '팩트'다.

가끔 광고에서는 화장품으로 연예인 같은 피부를 가꿀 수 있다고 하지만, 화장품보다 중요한 것은 자신의 인생이다. 화장품을 바른다고 해서 살아가며 피부에서 일어나는 일들을 거스를 수는 없다. 피부에 문제가 생겼을 때 나의 인생을 들여다보면 나에게 맞는 화장품을 고를 수 있다.

●● 피부는 우리 마음의 포장지

어느 외과 의사는 피부를 선물 포장 같은 것이라고 하기도 했다. 피부를 포장에 비유한다면, 피부는 속이 들여다보이는 투명 포장지다. 마음에서 일어나는 일들과 인생에서 일어나는 일들이 피부로 나타난다. 그래서 화장품을 고를 때는 연예인이나 광고를 보고 고를 것이 아니라 자신의 인생을 들여다보고 화장품을 고르는 것이 맞다. 화장품을 자신의 인생에 맞게 잘 고르고 사용하면 피부를 건강하게 유지하고 가꿀 수 있다. 광고 속 누군가의 피부가 되고 싶어서 화장품을 고르는 것이 아니라 내 피부를 건강하게 유지할 수 있는 화장품을 고르는 것이 중요하고 또 필요한 이유다.

아토피 아이에게 가장 중요한 것은 환경이다

●● 알레르기 아이들도 믿고 바르는 아토피 제품에 도전하다

"대표님! 저희 아이는 스위트아몬드 오일이 들어간 화장품은 못 발라요."

몇 년간 나의 제품을 이용하는 고객에게 감사의 표시로 스위트아몬드 오일이 들어간 자사의 유기농 오일 제품을 선물하니 돌아온 대답이었다. 이유는 아이가 견과류에 심각한 알레르기 반응을 일으키기 때문이었다.

먹는 것뿐만이 아니라 바르는 것에도 가려움 등의 알레르기 반응이 일어날 수 있다는 것을 더 확실하게 체감하는 순간이었다. 그 고객에게 선물로 드린 유기농 오일은 화학 성분이 전혀 없고 오직 유기농 오일만 정직하게 담은 제품이었지만, 알레르기 앞에서는 유기농 성분도 무용지물이 된다.

이 고객의 말을 듣고 나는 이런 아이들도 믿고 바를 수 있는 아토피 제품을 만들고 싶다는 생각이 들었다. 아토피 피부를 위한 화장품은 무조건 아토피 유발 원인을 낮추는 것이 최고라는 전제하에 성분을 구성했다.

현재 내가 이사로 재직 중인 ㈜아토큐앤에이의 대표이자 한 대학의 대체의학과 교수로 재직 중인 교수님에게 자문을 구해, 아토피를 앓고 있는 아이들도 믿고 바를 수 있는 보습 화장품을 만들기로 했다. 마침 그때 당시 우리 딸도 간헐적으로 아토피가 유발되었다 잠잠해지기를 반복하는 상황이어서 제품을 기획하고 연구하는 데 더 몰입할 수 있었다. 교수님과 함께 연구일지를 작성하며 아토피 유발이 적은 성분들을 구성해 제품을 만들어냈고 나는 그 제품의 확실한 효과를 확인하고 싶었다.

●● '토닥토닥 꿀피부 만들기' 프로젝트

공식적인 인증을 통해 무자극 화장품으로 테스트가 완료되고 난 후 나는 내가 알고 있는 고객과 지인을 통틀어 아토피로 힘들어하는 사람들을 모집했고 SNS를 통해서도 사람들을 모집했다. 그리고 오직 화장품만을 바르는 것이 목표가 아닌 일상의 습관을 바꿔가며 아토피를 관리할 의지가 있는 사람들을 최종으로 선발해 '토닥토닥 꿀피부 만들기'라는 2주간의 아토피 치료 프로젝트를 진행했다.

참가자들이 가지고 있는 알레르기도 모두 확인하고 스테로이드를 바르고 있는지 여부도 모두 확인하고 아토피의 정도도 사진을 찍어 모두 확인한 후 2주간 치료 프로젝트를 진행했는데, 2주 후 모두 아토피가 눈에 띄게 좋아졌다.

그 연구 자료를 바탕으로 가려움 완화에 도움이 되는 '유기농 조성물'이라는 이름의 특허까지 출원하는 데 이름을 함께하게 되었다. 그뿐만 아니라 이 연구 논문은 국제 전문 학술지에 게재되었고 학술 우수상까지 수상했다. 세상의 모든 아토피 제품이 완벽한 보습을 외칠 때 다른 관점으로 접근해 피부 자체의 면역력을 높이며 알레르기 유발 원인을 낮추자는 우리의 실험 정신이 옳았다는 생각에 나와 우리 동료들은 매우 기뻤다.

보습보다 유발 원인을 먼저 찾아야 한다

어느 날 참가자들 중 제일 어린 참가자였던 아이의 엄마에게 연락을 받았다. 아이가 할머니 집에만 가면 아토피 증상이 심해져서 너무 스트레스를 받는다는 내용이었다. 그런데 아이 엄마는 알레르기 유발 원인이 무엇인지 알 수 없어서 더 스트레스가 된다고 하소연했다. 내가 반려동물을 키우는지 물었더니, 할머니가 고양이를 키우신다고 했다. 나는 아이 엄마에게 병원에서 알레르기 검사를 해볼 것을 제안했다. 내 예상은 적중했고, 고양이털 알레르기가 그 원인이었다.

이렇듯 아토피 피부에 화장품의 보습보다 중요한 것은 바로 알레르기 유발 원인들을 제거하는 것이다. '토닥토닥 꿀피부 만들기' 프로젝트에 참가한 참가자들은 모두 알레르기를 가지고 있었다. 햇빛, 땅콩, 집먼지 진드기, 고양이털 등을 비롯해, 이외에도 몇 가지 알레르기들을 더 가지고 있었다. 이것이 내가 아토피 피부에 화장품보다 환경 설정이 더욱 중요하다고 목에 핏대를 세우며 말하는 이유다.

●● 아토피는 개인 맞춤형으로 관리해야 한다

아토피가 너무 심해서 일상생활이 힘든 경우를 제외하고는 아토피 화장품을 만들 때는 보습력보다 알레르기 유발 성분을 낮추는 것이 맞다. 알레르기 유발 성분을 낮춘다는 것은 화장품 성분을 최소화한다는 것이다. 천연 성분에 의해서도 알레르기가 유발될 수 있기 때문에 천연 성분도 적당히 배치해야 한다.

좋다는 성분을 다 넣고 보습력도 최고치로 올리는 것은 너무 쉬운 일이다. 하지만 아토피를 어떻게 관리하고 화장품은 어떻게 사용해야 하는지를 알리고 보습력보다 알레르기 유발 성분이 낮은 제품을 선택해야 한다고 고객을 설득하는 것은 어려운 일이다. 하지만 나는 후자를 선택하기로 했다.

아토피는 개인 맞춤형으로 관리해야 한다. 유명한 누군가가 한 가지 식품을 먹고 나았다고 해서 내 아이에게도 맞다고 생각해서는 안 된다. 알레르기 유발 성분은 모두 다 다를 수 있다.

알로에에도 알레르기가 유발되는 고객도 만나봤고, 갑작스러운 버섯 알레르기로 버섯 추출물이 들어 있는 제품에 가려움이 유발되는 경우도 봤다. 알레르기는 본인의 면역 상태에 따라 다르게 나타날 수 있다. 그렇기에 면역 상태에 따라서도 아토피가 유발될 수 있다. 화장품은 자가 보습 능력이 현저히 저하되어 있는 피부의 보습 능력을 도와주는 역할을 할 뿐이다. 근본적인 아토피 치료를 화장품으로 접근해서는 절대 안 된다.

그렇다면 아이의 면역력을 관리하기 위해 어떤 노력을 하면 좋을까? 영양제나 건강 기능 식품을 많이 먹이면 좋을까? 이런 행동은 화장품으로 아토피를 해결하려는 것과 마찬가지로 본질적인 치료 방법이 될 수 없다. 주 양육자가 가장 처음 해야 할 것은, 적어도 아이의 면역력이 제대로 발동할 수 있는 시기까지만이라도 항원 물질에 주의를 기울이고 항원 물질에 대한 면역이 생길 수 있도록 도움을 주는 것이다.

알레르기 항원에 감작이 일어나는 시기는 다음과 같다.

- 1~2세: 이유식 등의 음식을 섭취하면서 감작(感作: 생체에 항원을 넣어 그 항원에 대해 민감한 상태로 만드는 일)이 일어난다.
- 3~4세: 집먼지 진드기 및 실내 항원 등에 의해서 감작이 일어난다.
- 5~6세: 꽃가루 등 실외 항원 등에서 감작이 일어난다.

결론적으로 보면 음식을 섭취하기 시작하면서부터는 섭취하는 음식의 감작이 일어나지 않도록 가공식품을 비롯해 감작을 일으킬 수 있는 식품은 피하는 것이 좋다. 그리고 3~6세까지는 실내외 항원들을 이겨낼 수 있도록 잘 자고 잘 놀고 많은 장소를 경험하며 면역력을 먼저 키울 수 있도록 해주는 것이 좋다.

반대로 항원의 감작을 이겨낼 수 있는 경험을 적게 하고 보습력이 강한 화장품에만 의존해 피부가 성장한다면 피부는 인위적인 보습에 의지해 면역력이 더 약해질 가능성이 높다.

우리 회사에서는 면역력 증대를 위한 가장 좋은 방법으로 흙놀이를 권한다. 흙이 오염되어 있어서 위생상 안 좋다는 의견에 대해서는 나도 일부 동의하지만, 그럼에도 불구하고 흙놀이를 통해 잃는 것보다 얻는 것이 더욱 많다고 생각한다. 그렇게 믿기에 내 딸도 그렇게 키웠다.

●● 아이들은 스스로 치유 중이다

가장 마음 아플 때는 엄마가 어떤 노력을 해도 나아지지 않을 때이다. 그럴 때 나는 엄마가 에너지를 너무 낭비하지 않기를 바란다. 아이들은 스스로 치유 중이기 때문이다. 가끔은 증상이 너무 심각할 때는 병원의 도움을 받아 심각한 증상을 완화시키며 아이들의 치유력을 믿고 편안한 마음으로 기다려주면 좋겠다.

원인도 모른 채 아이의 악화된 피부 증상으로 마음고생을 하는 부모님들도 있을 것이다. 하지만 그럴 때 남들이 나았다는 민간요법을 모두 테스트하는 것은 아이를 알레르기 환경에 계속 노출시키는 것이기 때문에 하지 않는 것이 좋다. 차라리 상황을 받아들이고 상황에 맞는 환경을 조성해 환경에 맞춰 적절한 생활 습관을 익히도록 하는 노력이 필요하다.

상황에 맞는 환경이란 무엇일까? 내가 상담해본 결과 아토피로 힘들어하는 아이들의 피부가 안 좋아지는 계기들이 있었다. 어린이집이나 학교를 옮겼다든지, 이사를 갔다든지, 극심한 스트레스의 상황에 처했다든지, 동생이 생겼다든지 등의 일이 있었다.

조금 어려운 문제일 수도 있지만 그 상황을 받아들이고 적응하려는 작은 노력들이 모여 시간이 지나면 분명 피부는 다시 좋아질 수 있다. '어떻게 바꿔 볼까?'라고 생각하고 '이렇게 하니까 도움이 되네?'라고 생각하는 긍정적 마인드셋이 필요하다. 그때 엄마의 편안한 마음과 편안한 행동도 필요하다.

엄마의 마음이 편안해지면 어떻게 될까? 아이는 편안한 엄마의 모습을 보며 자신도 편안해진다. 마음이 편안해지면 우리 몸의 모든 면역력은 다시 열심히 일을 할 수 있다. 하지만 아이의 피부 걱정으로 엄마가 인상 쓰고 한숨 짓는다면 아이는 그런 엄마를 보며 좌절감을 느낄 수 있다. 아이가 느끼는 그 좌절감 때문에 피부의 면역력이 더 약해질 수 있다.

앞서도 언급했지만, 딸의 예민한 피부를 보며 전전긍긍 걱정하는 나 때문이었는지 아이는 어느 날 엘리베이터의 거울 속에서 이마에 올라온 트러블을 나에게 가리키며 슬픈 표정을 지었다. 아이가 나에게 보여준 슬픈 표정이 아이의 피부를 보며 내가 지었던 슬픈 표정이었던 것 같아 너무 미안했다.

그날 나는 내가 아이에게 도대체 어떤 모습을 보였을지 돌이켜보며 반성했고 너무 미안한 마음에 아이 몰래 화장실에서 울었다. 그날부터 더 의식적으로 아이에게 웃어주고 아이 피부를 걱정하는 모습을 보이지 않았다. 우리 아이의 피부는 금방 제자리로 돌아왔다. 물론 나는 환경을 계속 체크하며 아이의 피부가 반응하는 것들에 계속 주의를 기울였다.

아이들의 피부는 낫는다. 나을 수밖에 없다. 그게 자연의 이치이기 때문이다. 아이들의 면역력은 어제와 내일이 분명히 다르다. 그래서 아토피로 힘들어하는 아이들에게 "와! 어제보다 더 좋아졌네? 계속 좋아지네? 더 좋아질 거야"라고 계속 말해주기를 권한다.

내 말은 진실이다. 아이들의 피부는 계속 자라고 있고 제 역할을 하기 위해 몸부림치고 있다. 마음을 내려놓고 약간의 시간만 흐르면 좋아질 수 있다.

"시간이 지나면서 좋아지더라고요"라고 하는 나의 말에 많은 엄마들은 공감한다. 명심하자. 아이들의 피부도 '믿는 만큼 자란다'.

하나만 발라도 충분하다

●● 나의 첫 처방은 '화장품 다이어트'

피부 트러블로 고민하는 고객과 상담을 할 때 내가 가장 먼저 하는 일은 고객이 어떤 제품을 쓰고 있는지 묻는 것이다. 그 후에 나의 처방은 대체로 '화장품 다이어트'다. '화장품 다이어트'는 글자 그대로, 화장품을 최소한으로 피부에 바르는 일이다.

내 처방에 고객들은 의아해한다. 자신의 피부에 문제가 있는 것 같아서 화장품을 사려고 하는데 오히려 바르던 것도 멈추라고 하다니? 그런데 그런 나의 방법은 대부분 통하기 때문에 트러블 피부로 고민했던 고객은 피부의 제 기능을 되찾아 나에게 고맙다고 한다.

피부 트러블로 고민에 빠져 어떤 화장품이 좋은지 나를 찾아왔다가 나와 깊은 인연이 되어 10년간 나의 '찐팬'으로 지내는 B고객이 있다. B고객은 40만 맘 카페에서 공동구매를 했을 때 상담을 진행했던 고객이다. 그녀는 자신의 트러블 피부가 못마땅하다며 상담을 신청했다.

"1년여 전부터 피부에 트러블이 생겼는데 이 트러블이 없어지지 않아서 너무 스트레스를 받아요."

그녀는 30대 초반의 워킹맘이었는데, 작은 항공사의 직원으로 지상에서 고객을 응대하는 일을 하고 있었다. 그 당시 그녀는 육아와 일을 병행하며 몸이 좀 고단하긴 했지만, 수면이 많이 부족하거나 스트레스가 심각한 정도는 아니었다. 그런데 상담을 진행해 보니 그녀는 정말 많은 종류의 화장품을 사용하고 있었다.

"혹시 지금 사용하고 있는 화장품 종류 좀 알려주실 수 있을까요?"

내가 물었다.

"아, 아침에는 스킨을 바르고요. 안티에이징 앰플을 바른 다음 부스터 세럼, 미백 에센스, 보습 로션을 바르고요. 그다음에는 보습 크림을 발라요. 그리고 탄력 크림과 아이 크림, 미백 크림을 바릅니다. 저는 매일 화장해야 하니까 수분 프라이머를 바르고 그 후에 모공 프라이머, 선크림 순으로 발라요. 메이크업 베이스와 파운데이션으로 마무리를 하고, 그런 다음 컨실러를 바르고 팩트를 해요."

"와! 아침에만 16개 화장품을 바르시네요. 거기서 화장품 다이어트가 필요한 겁니다."

그녀는 아침에는 16개, 저녁에는 기본 루틴 제품에 나이트 크림을 포함해 10여 개의 제품을 바르고 잠에 든다고 했다.

●● 피부도 많이 먹으면 체하기 마련

나는 B고객의 말이 끝나자마자 그녀를 설득했다.

"바르는 화장품 종류가 너무 많아요. 흔히들 화장품을 많이 쓰면 피부가 좋아질 거라고 생각하지만, 그건 화장품 광고를 너무 많이 봐서 우리가 하고 있는 착각이고요. 화장품을 최소한으로 사용하는 것이 피부 건강에 좋아요.

화장품에는 수많은 알레르기 유발 물질이 있어요. 컨디션이 좋을 때는 내 피부가 이 성분들을 소화해낼 수 있지만 컨디션이 좋지 않을 때는 피부가 여러 가지 성분에 대한 알레르기 반응을 일으킬 수도 있어요. 특히 지금 생기는 트러블은 유분감이 과해서 나타나는 현상일 수도 있어요. 지금 보면 같은 종류의 제품을 2개에서 3개까지 겹쳐 바르고 계시거든요."

그녀는 내 말을 이해하지 못했다. 화장품의 이름이 다 다르기 때문에 다 다른 화장품이라고 생각하고 있었다고 했다. 아마 많은 사람들이 그렇게 생각하고 있을 것이다. 하지만 현실은 다르다.

나는 '화해' 어플을 통해 그녀가 같은 성분인데 중복되게 바르고 있는 제품들을 안내했고, 성분까지 확인한 그녀는 자신이 믿었던 화장품에 대한 배신감을 금치 못했다.

나는 그녀에게 솔루션을 제안했다.

"오늘부터 화장품 다이어트를 하는 거예요! 유분감이 많은 피부이시니 스킨이나 미스트로 피부를 정돈하시고요. 사실 이 과정도 안 하셔도 됩니다. 하지만 대한민국 사람들 다 하는 루틴 과정이니까 서운하실까 봐 바르시라고 한 건데, 저는 스킨 안 바르고 산 지 꽤 오래되었어요. 그다음에는 세럼이든 에센스든 꼭 바르고 싶다면 하나만 바르세요. 종류별 에센스 세럼을 모두 바르실 필요는 없어요. 확인해 보셔서 아시겠지만 베이스 성분은 모두 겹치고 있어요.

그다음으로 유분이 충분한 피부이니까 보습 로션, 보습 크림, 탄력 크림, 아이 크림, 미백 크림, 이 모든 것을 바르는 게 아니라 주름·미백 개선 수분 크림 하나만 바르는 것이 좋을 것 같아요. 수분 프라이머, 모공 프라이머가 꼭 필요하면 둘 중 하나만 바르는 게 좋은데, 프라이머는 피부의 호흡을 방해할 수 있으니 이것도 다이어트해도 좋을 것 같아요. 자꾸 트러블이 올라오니까요.

그리고 마지막으로 선크림이나 메이크업 베이스 둘 중에 하나만 바르셔도 될 것 같아요. 어차피 파운데이션과 팩트로 마무리를 하실 거니까 무기자차 계열의 선크림 하나만 바르시면 메이크업 베이스처럼 톤업이 되니 무기자차 선크림을 바른 후 파운데이션과 팩트로 마무리하시면 될 거 같아요.

마지막으로 제가 한 개만 더 욕심낸다면 팩트도 다이어트하시면 좋을 것 같아요. 파운데이션과 팩트가 피부의 호흡을 방해하고 피부를 아주 건조하게 만들기도 하거든요."

그녀가 바르던 16개의 화장품을 4~5개로 줄이는 솔루션을 처방했다. 나는 그녀가 화장품 다이어트를 하는 데 필요한 2개의 제품만 권했고, 나머지는 그녀가 가지고 있는 제품을 활용하도록 했다. 그녀는 처음에는 당황스러워했지만 나의 이야기에 설득되었는지 3만 원 상당의 150ml의 주름·미백 수분 크림과 무기자차 선크림만 구매하면서 화장품 다이어트를 하기로 약속했다.

마더스프의 미스트에는 특별한 것이 있다

며칠 후 공동구매 카페 후기글에 그녀의 감사 후기가 올라왔는데, 그 내용이 재미있었다. 자기는 화장품을 더 사려고 상담을 했는데 오히려 화장품 다이어트를 하라고 해서 당황했단다. 그런데 내 말을 듣고 화장품을 다이어트하니 트러블이 없어졌다고 공개적으로 감사를 표하며 팬을 자청했다. 그녀는 지금도 나의 고객으로 우리 제품을 사용하고 있다.

마더스프 브랜드에는 스킨, 토너가 없다. 나도 스킨이나 토너를 따로 바르지 않는다. 화장품을 직접 제조하고 성분에 관심을 가지면서 스킨이나 토너를 따로 바르지 않아도 된다는 것을 알게 되었다. 하지만 스킨이나 토너를 꼭 원하는 고객들이 있다. 그럴 때 나는 자사의 미스트를 추천한다.

스킨, 토너, 미스트, 이 세 개의 제품은 각각 어떤 차이가 있을까? 사실 하는 역할에는 차이가 별로 없다. 네이버 어학사전에 찾아보면 스킨은 '피부에 수분을 주어 피부 표면을 다듬는 맑은 액체 형태의 화장수'를 말한다.

그렇다면 토너는 어떻게 설명하고 있을까? '건조하고 거칠어진 피부에 촉촉함을 주고 산뜻하게 정돈해주는 유연 화장수'라고 되어 있다. 미스트는 '피부가 건조할 때 피부에 수분을 공급하기 위해 뿌리는 화장수'라고 되어 있다. 내가 보기에 이것은 말장난에 불과하다고 본다. 결국 이 세 제품은 모두 피부에 수분을 공급하기 위해 바르는 액상형 화장수인 것이다.

따로따로 바를 필요가 없다. 세 개 중 하나만 바르면 된다. 그중 내가 미스트를 추천하는 이유는 화장 솜에 묻혀서도 사용할 수 있고, 휴대하며 피부가 건조할 때마다 사용할 수 있고, 신생아부터 어른들까지 쉽게 뿌리고 바를 수 있기 때문이다.

마더스프의 미스트는 다른 화장품 회사의 미스트와 달리 피부를 정돈해주는 역할보다는 가려운 피부의 진정을 목적으로 만들어졌다. 그래서 마더스프의 미스트에는 정제수가 아닌 진정에 효과가 좋은 알로에베라 잎수나 고욤 잎수를 베이스로 사용한다.

시중에서 판매하는 성분을 구입하지 않고 우리 회사에서 직접 재배하거나 농장에서 알로에를 수확해 미스트의 베이스가 되는 알로에베라 잎수와 고욤 잎수를 만들기 때문에 고객이 더욱 안전하게 사용할 수 있다. 가려운 피부에 안정감을 주는 자연 유래 성분이어서 일반 피부인 고객이 사용해도 좋다. 물론 알로에와 고욤에 알레르기 반응이 없다는 전제하에 사용하는 경우를 이야기하는 것이다.

내가 생각하기에 화장품은 그 목적에 맞게 최소한으로 사용하면 되는데, 우리나라에서는 같은 성분의 화장품을 이름만 다르게 해서 소비자를 심하게 현혹시킨다. 피부가 그 많은 성분들을 소화하지 못해도 어쩌면 그들의 잘못이 아닌 소비자의 잘못으로 돌릴지도 모를 일이다. 소비자들이 피부를 지키기 위해서는 꼼꼼하게 확인하고 과감하게 걸러내야 한다. 그래서 나는 고객과 상담을 할 때 꼭 성분을 확인해 겹치는 성분은 다이어트할 것을 권한다. 그것이 피부를 더 건강하게 만드는 일이기 때문이다.

가끔 강연장에서 대표님은 뭘 바르냐고 물어보는 분들이 있다. 나는 계절에 따라 기분에 따라 마더스프 제품 중 딱 한 가지만 바른다. 예를 들어 여름에는 가벼운 젤 타입의 주름·미백 기능성 제품을 바르고, 가을이 되면 유기농 오일을 바르고 그 위에 주름·미백 기능성 제품을 바른다. 겨울에는 크림 타입의 주름·미백 기능성 제품을 바른다. 하나만 발라도 충분하다.

화장품은 수많은 알레르기 유발 물질이 있다. 더 바른다고 해서 나의 피부를 더 윤택하게 만드는 것이 절대 아니다. 그렇게 보이는 것처럼 함정이 숨어 있을 뿐이다. 피부 트러블은 하나의 신호다.

어딘가 불편하다는 표현인 것이다. 특히 유분감이 과할 때 여드름 등의 피부 트러블이 나타난다. 그럴 때는 화장품을 덧바르는 것을 멈추고 화장품 다이어트를 시작해야 한다.

화장품에 대한 인식의 대전환이 필요하다

●● 임신하니 비로소 보이는 것들

10여 년간 피부과와 성형외과에서 상담실장으로 일했던 경험을 바탕으로 맘 카페에서 화장품을 소개하고 판매하는 일을 했는데, 당시 나는 꽤 인기가 있던 판매자였다. 병원에서 근무하며 많은 피부 타입과 화장품을 접하고 섭렵했던 나는 화장품을 아주 잘 알고 있다고 생각했고 그 지식과 경험을 바탕으로 맘 카페에서도 인기를 얻게 되었다.

그렇게 활동하다가 내가 기존에 가지고 있던 화장품에 대한 생각이 변하게 된 계기가 있었다. 그 계기는 임신과 함께왔다. 결혼도 하고 임신을 하면서 그동안 내가 생각했던 화장품에 대한 생각이 완전히 바뀌게 된 것이다. 임신을 하게 되니 조심해야 할 성분들이 많이 있었는데, 이제까지 안일하게 생각했던 화장품 성분에 대해 경각심을 일깨워주기에 충분했다.

그때 그간의 나의 무지가 많이 부끄러워졌다. 화장품을 잘 안다고 믿어왔는데, 사실 나는 화장품 회사들이 설명한 것을 잘 알고 있었을 뿐이었다.

●● 철석같이 믿었던 유기농 제품의 배신

아이를 낳고 나서 뒤통수를 얻어맞은 듯한 또 다른 경험을 하게 되었다. 내 딸의 피부는 너무나도 연약했고 소위 '보기에' 좋지 않았다. 딸에게는 좋은 성분의 제품을 발라주기 위해 유럽의 유명하고 비싼 유기농 제품을 공수해서 태어난 지 얼마 안 된 딸의 얼굴에 열심히 발라줬다. 그런데 화장품만 바르면 아이의 얼굴이 조금 붉어졌다. 나는 그 제품이 아주 좋은 성분의 유기농 제품임을 알고 있어서 얼굴이 붉어지는 것에 많이 신경 쓰지 않았다. '명현 현상'이라서 피부가 적응하는 단계라고 생각했다.

그러던 어느 날 아이의 목욕을 끝낸 후 깜박 잊고 화장품을 발라주지 않았는데 화장품만 바르면 붉어지던 볼이 오히려 화장품을 바르지 않으니 아무렇지도 않았던 것이 아닌가. 며칠 후 실내복을 사면서 받아온 샘플 로션을 아이 얼굴에 무심코 발랐는데, 딸아이의 볼은 전혀 붉어지지 않았다. 샘플을 받아올 때만 해도 유기농도 아니고 이름도 그다지 없던 제품이어서 버리려고 했던 참이었다. 그런데 아이 얼굴이 멀쩡하다니 놀랄 수밖에 없었다.

그 이후에야 유럽에서 공수해온 '유기농' 화장품이 문제였다는 사실을 알았다. 아이에게 무조건 좋을 거라고 확신하고 비싸게 사서 발라줬던 '유기농' 제품이 내 아이의 피부에는 전혀 맞지 않았던 것이다. 목욕 후 동글동글한 얼굴에 땡글땡글한 눈으로 나를 바라보던 딸의 볼이 전혀 붉어지지 않았다. 그때 느꼈던 그 충격은 아직도 생생하다.

●● 어떤 문제가 있었던 걸까

그 사실을 깨닫고 나니 많은 생각이 들었다. 그동안 내가 발라준 화장품에는 어떤 문제가 있었던 것일까? 차분하게 앉아 제품을 들여다보고 공부를 시작했다. 딸에게 발라주던 제품은 유럽에서 수입한 꽤 비싼 유기농 제품이었다. 그때는 알레르기 반응에 대한 정확한 기준이 서지 않을 때여서 무작정 좋은 성분을 찾아가며 딸의 피부를 붉게 하지 않을 제품을 찾아내려고 노력했다.

하지만 나는 아주 실망할 수밖에 없었다. 백화점에서 파는 유명 수입 제품들의 성분도 모두 안전한 성분으로 만들어진 것은 아니었기 때문이다. 천연 성분 함유량도 적었고 알레르기가 유발될 수 있는 성분들이 번번이 확인되었다. 그때 당시 '도대체 왜 이런 성분으로 아기들 화장품을 만들었나?'라는 생각에 엄마로서 정말 마음이 무거웠고 속상했다.

그렇게 찾던 중에 정말 마음에 드는 제품을 발견했다. 그 제품은 여러 가지 카렌듈라와 라벤더 수 등의 천연수를 베이스로 만들어졌고 호호바 등의 천연 오일의 함유량도 높았다. 아주 순해서 피부가 약한 아기들에게 발라줘도 별 무리가 없는 제품이라는 판단이 들었다. 그런데 그 제품에는 한 가지 치명적인 단점이 있었다. 바로 가격이 '너무 너무 고가'라는 사실이었다. 100ml에 45,000원으로 당시 아이가 한 달 정도 바르려면 시중에 있는 제품의 4배 가격을 지불해야 했다.

아무리 사랑하는 딸이라도 맘 편히 딸에게 발라주기 부담스러웠다. 그래서 결심했다. '그래, 내가 직접 만들자!' 그리고 누구라도 좋은 성분의 화장품을 부담 없는 가격으로 구입할 수 있게 하고 싶었다.

●● 내가 만든 제품을 소개합니다

나는 성분도 정말 착하고 부담 없는 가격으로 아기들에게 믿고 발라줄 수 있는 제품을 만들겠다고 마음먹었다. 지금 생각하면 우리 딸에게는 미안하지만, 그 후 나는 직업적 궁금증과 더불어 딸에게 꼭 맞는 제품을 찾아주려고 아이에게 이것저것 많은 화장품을 발라주고 실험을 했다.

아이에게 잘 맞는 성분을 찾았는데, 바로 알로에와 호호바였다. 그 후 딸의 피부는 어떻게 되었을까? 엄마가 알아차리고 화장품을 바꾼 후 딸의 피부는 화장품을 바르면 붉어지는 현상이 완벽히 없어졌다. 그리고 이 두 성분을 베이스로 해서 마더스프 론칭까지 하게 됐다.

딸에게 알레르기가 유발되는 성분은 인공 향료였다. 하지만 아이의 피부여서 먹는 음식이나 컨디션에 따라 그 이후에도 36개월까지는 간헐적 아토피 상태는 있었다. 나는 아토피에 절망적으로 생각하거나 조급해하지 않았다. 그럴 때면 아이에게 아토피가 올라오게 된 원인을 살피고 아이에게 잘 맞는 화장품으로 조금 더 보습 관리에 신경 썼다.

오랫동안 딸의 주 보습제는 '위드알로 에센스 로션'이었는데, 최근에는 알로에 수딩 겔을 발라서 보습 정도가 약해졌지만 피부에는 아무 문제가 없다. 다섯 살 이후부터 지금까지 꾸준히 꿀피부를 유지하고 있다.

무엇보다 중요한 것은 아이의 치유력

이쯤 되면 딸아이의 아토피 치유 스토리는 내가 아토피를 고쳤다며 소문내고 다닐 만한 셀링 스토리가 될 수도 있을 것이다. 하지만 나는 고객들에게 솔직하게 말씀드린다. 그것은 마더스프 화장품 덕분이 아니라 아이의 면역력 덕분이라고, 아이의 편안한 마음 덕분이라고 이야기한다.

피부가 참 약했던 우리 딸의 피부를 관찰하며 화장품을 연구하다 보니 보기에 예쁜 피부는 화장품으로 만들어지는 것이 아니라는 것을 알게 되었다. 하지만 내가 상담을 하다 보면, 화장품만 바꾸면 화장품만 바르면 모든 피부의 문제가 해결될 것이라고 생각하는 고객들이 가끔 있다. 그리고 피부 개선을 위해 상담을 해보면 결국 문제는 환경에 있었다.

환경은 두 가지 유형이 있다. 바로 외부 환경과 내부 환경이다. 외부 환경으로는 본인이 머무르는 환경, 건조함, 유해 물질 등이 있고, 내부 환경으로는 마음 상태, 심리 상태, 스트레스 등이 있다. 화장품을 바꾸고 새로운 제품을 사려는 노력보다 바르게 바르고 환경을 먼저 바꾸는 노력이 필요하다.

나의 하루의 60%는 딸을 보살피는 데 시간을 쓰려고 노력한다. 아이들은 주 양육자와 원활히 소통할 수 있어야 마음이 편안해지기 때문이다. 같이 시간을 보내고, 같이 놀고, 같이 이야기하고, 같이 책을 읽는다. 나는 일부러 일보다 육아에 더 많은 시간을 할애

하려고 노력한다. 아이의 마음이 편안하면 피부가 건강하고, 피부가 건강하면 보기에 좋은 것은 자연스럽게 따라가는 것이다.

●● 아이에게 최고의 화장품은 엄마 품이다

마더스프 대표로서 한참 바쁜 시간을 보낼 때 하나의 사건이 생겼다. 다섯 살이 된 딸이 어린이집을 거부하는 상황이 생긴 것이다. 피부가 안 좋았던 딸을 위해 화장품을 만들었던 사람이 나인데, 일 때문에 딸을 스트레스 상황에 둬서는 안 된다고 생각해서 과감하게 내가 가는 곳마다 딸을 데리고 다니기 시작했다. 딸이 안정을 찾기까지 3개월 정도의 시간이 걸렸다. 회의가 있을 때는 데려가고 사무실에도 같이 가고 스케줄이 없을 때는 같이 동물원에도 가고 딸과 모든 것을 함께했다.

물론 여유가 되지 않아 아이와 동행하지 못하는 부모도 있을 것이다. 그런 상황이 아니라면 아이가 원할 때 같이 있어주는 것이 그 어떤 화장품을 바르는 것보다 중요하다. 아이의 꿀피부를 만드는 것은 화장품이 아닌 엄마 품이다. 일로 바쁜 워킹맘들은 집에 와서 온전히 엄마 품을 채워주면 된다. 하루 종일 나를 기다리고 있었을 아이와 눈을 맞춰주고 하루 30분이라도 아이와 함께 신나게 놀아주면 아이의 마음이 조금 더 편안해질 수 있다.

때가 되니 딸은 어린이집에 잘 적응했고 나도 내 일에 더 집중

할 수 있었다. 그즈음에 간헐적 아토피도 거의 나타나지 않았다. 정확히 다섯 살 이후 딸아이의 아토피 증상은 완전히 없어졌다.

가끔 우리 제품을 판매하는 매장인 자연드림을 이용하는 생협 조합원님들에게 강연을 하면 항상 이 말을 한다.

"때가 되면 다 좋아집니다."

화장품을 파는 사람이 화장품을 바꾸지 말고 때를 기다리라고 말하면, 많은 조합원님들은 의아해하기도 하고 열광하며 좋아하기도 한다. 그런데 그게 팩트이다.

그렇다면 그때는 언제일까? 환경이 피부에 안정적일 때, 피부의 면역력이 좋을 때이다. 그래서 우리는 예쁜 피부를 만들기 위해서가 아니라 건강한 피부를 만들기 위해 더 노력해야 한다.

천연 화장품은 출신 성분을 따져라

●● 화장품으로 생긴 부작용을 화장품으로 치료한다?

"천연 화장품이라고 해서 샀는데 피부가 다 뒤집어졌어요."

오랜만에 연락한 단골 고객은 새로 구입한 화장품을 사용한 후 피부에 부작용이 생겨 트러블이 올라오고 울긋불긋해졌다면서 피부를 진정시킬 수 있는 화장품을 추천해달라고 했다. 화장품으로 인한 트러블을 다시 화장품으로 진정시켜야 한다는 부분에서 다소 부담감은 있었지만, 고객이 당장 바라는 것은 현재 상황에서 빨리 벗어나 피부를 진정시키는 것임을 잘 알고 있어서 나는 우리 회사 제품 '시카 크림'과 '미스트'를 추천했다. 두 제품은 고욤 잎의 유효 성분을 추출해서 만든 것으로 천연 성분에서 유래한 것이니 다른 화장품보다 피부에 자극이 덜할 것으로 판단했기 때문이다.

"이 제품들 쓰면 진짜 괜찮아질까요?"

단골 고객의 걱정 어린 말 속에서 '진짜'라는 단어가 나의 귀에 박혔다. 화장품을 사용하고 뒤집어진 피부에 또 다른 화장품을 구입해서 바르면서 피부가 진정되길 바랄 수밖에 없는 간절함과 '추천해준 제품을 쓰면 과연 진정될 수 있을까?'라는 의구심을 가질 수밖에 없는 고객의 양가감정이 느껴졌다.

● ● 천연 성분이라고 다 모든 피부에 맞는 것은 아니다

나는 마음이 많이 상해 있는 고객에게 조심스럽게 대답했다.

"천연 화장품이라고 해서 모두 다 내 피부에 맞는 것은 아닙니다. 지금 피부가 뒤집어진 이유가 꼭 그 천연 화장품 때문이라고 말씀드릴 수도 없을 것 같아요. 피부 면역 상태에 따라서 잘 받아들이던 화장품 성분도 피부가 받아들이지 못하고 거부하는 경우도 있고, 천연 화장품이라고 해도 천연 성분이 아닌 향료 등 알레르기가 유발될 수 있는 성분이 들어 있을 수도 있거든요."

내 답변에 고객은 천연 성분은 모두 다 좋은 줄 알았다며 조금 당황해했다. 나는 고객에게 만약 천연 화장품을 썼는데 피부에 트러블이 생겼다면 일단 알레르기가 유발된 화장품을 사용하지 말고 해당 화장품의 모든 성분을 꼼꼼히 확인해 보는 게 좋다고 말씀 드렸다. 화장품의 성분 중에 과거 자신에게 알레르기를 일으켰던 성분이 있는지 확인하는 절차가 반드시 필요하기 때문이다.

"만약 그런 성분이 있다면 그 제품은 다시 사용하지 않는 것이 좋습니다."

내 답변에 고객은 바로 전 성분을 확인하더니 자신의 피부가 뒤집어진 원인을 찾아냈다. 바로 '오이'였다.

"오이였어요! 저 오이 알레르기 있는데 화장품에 오이 추출물이 들어 있네요."

알레르기의 원인을 찾아냈다는 너무 반가운 일이었다. 하지만 그 고객이 알아야 할 것은 한 가지 더 있었다. 알레르기 유발 원인을 찾아낸 것은 정말 다행이지만, 오이 추출물에는 오이의 유효 성분이 아주 소량 함유되기 때문이다. 그 정도 양으로도 피부에 트러블이 났다면 그것은 피부가 주는 일종의 신호라고 봐야 했다.

"고객님, 그 정도 양으로 트러블이 났다는 것은 피부가 과민하게 지쳐 있다는 이야기입니다. 아무래도 피부 휴식이 필요합니다."

나의 조언과 염려에 그녀는 공감하며 자신의 근황을 들려줬다.

"맞아요. 제가 요즘 많이 피곤했거든요. 오이 알레르기도 어쩔 때는 멀쩡하다가 또 어쩔 때는 이렇게 알레르기가 생기기도 해요. 그런데 참 신기하네요. 피부도 그때그때 민감도가 달라져서 같은 화장품에도 이렇게 다르게 반응한다는 것이요."

나는 피부도 우리 장기와 비슷하다고 말해줬다. 피곤하고 스트레스를 받으면 소화가 안 되거나 체하듯이, 피부 역시 마찬가지다. 나는 오이 알레르기가 있는 그녀가 화장품을 사용한 후 오이 알레르기를 일으켰다는 것은 어찌 보면 그 회사가 화장품을 제대로 만들었다는 뜻일지도 모르겠다고 말해줬다. 어쨌든 오이를 넣었다는 것이니까.

다행히도 그 고객은 알레르기를 유발하는 성분을 알고 있어서 성분표를 보고 금방 원인을 알 수 있었다. 그런데 모든 사람들이 모두 자신의 알레르기 반응을 알고 있지는 않을 것이다. 만일 트러블이 생겼는데 알레르기 성분을 골라낼 수 없다면, 일단 바르던 화장품은 그만 사용하고 피부 상태를 살펴보는 것이 좋다.

화장품을 더 이상 바르지 않았는데 피부 트러블이 좋아졌다면 화장품에 알레르기가 유발되는 성분이 있을 가능성이 있다. 그런 경우 휴식을 취하고 다시 사용해볼 수도 있지만, 병원이나 한의원에서 알레르기 유발 검사를 해보고 적극적으로 유발 물질을 찾아보는 것도 좋다. 또 피부 상태, 몸 상태가 완전히 좋아질 때까지 화장품을 바르지 않는 것이 오히려 나을 수도 있다.

●● 믿을 수 있는 성분과 함량이 신뢰를 쌓는다

고객님들과 상담을 하다 보면, 천연 화장품이라고 샀는데 천연 성분은 10%도 안 들어 있는 경우를 자주 본다. 천연 화장품이라는 단어가 주는 신뢰감 때문에 천연 화장품이라는 단어만 마케팅으로 사용하고 실제 천연 성분을 넣지 않거나 아주 소량 사용하는 회사들도 있다. 단 1%만 넣으면서 천연 화장품이라고 우기는 회사도 있다.

소비자에게 신뢰를 얻으려면 정확한 성분 표기는 물론이고 함량까지 제대로 알려야 한다. 그것이 제품을 믿고 사는 소비자에게 보답하는 길이기 때문이다. 그래서 나는 내가 만든 제품에 천연 성분의 함유량을 정확히 표기한다.

처음 천연 화장품을 제조할 때만 해도 나 역시 다른 제조회사 공장들이 구입하는 거래처에서 천연 추출물을 구입해서 사용했다. 그런데 시간이 지나자 이런 방식이 매우 불편해졌다. 다른 성분들의 경우 모두 내 방식대로 성분을 넣고 뺄 수 있는데, 천연 추출물의 배합률만큼은 내 뜻대로 조정할 길이 없었기 때문이다. 정확히 말하면 조정할 수는 있지만, 진짜 그만큼의 배합률이 확실한지 확인할 길이 없었다.

오랜 기간 이 부분을 고민하다가 천연 추출물들을 직접 추출해 제품을 제조하기 위한 시스템을 구축했다. 이 시스템으로 처음 만든 제품이 '아토엘 리페어 크림', '아토엘 수딩 미스트'였고, 뒤를 이어 '알로에 수딩 겔'과 '시카 크림'도 유효 성분을 보호할 수 있는 기술로 우리 회사에서 직접 추출한 천연 추출물로 만들어서 전국의 자연드림 매장 및 병원 등으로 출시하고 있다.

●● 더 중요한 것은
피부 면역력

천연 추출물의 배합률을 마음대로 조정하기 위해 나는 회사에서 나무를 직접 키우거나 믿을 만한 농장을 발굴해서 원재료를 공급받는 방법을 썼다. 그래서 알로에 수딩 겔의 주원료가 되는 알로에는 내가 발로 뛰어다니며 발굴한 알로에 유기농 농장에서 재배한 알로에로 추출물을 낸 것이고, 시카 크림의 주원료가 되는 고욤 잎은 회사에서 무농약으로 직접 키운 고욤나무에서 잎을 따서 말려 추출물로 만든 것이다.

천연 화장품이 좋은 이유는 피부를 진정시키는 효능이 크기 때문이다. 그런데 천연 성분 본연의 성질뿐만 아니라 그 식물이 자라는 땅 역시 천연 성분에 아주 중요한 영향을 미친다. 농약이나 제초제 등의 독성 성분이 천연 성분에 영향을 주기 때문이다. 내가 유기농 알로에 농장을 직접 발굴하고 우리 회사가 산에서 고욤나무를 키워 제품을 추출하는 이유도 같은 이유다. 독성을 낮추고 피부에 순한 천연 화장품을 만들기 위한 것이다.

천연 성분이 되는 식물 본연의 독성도 분명 존재한다. 가끔 직접 키운 알로에를 이용해 피부에 바르거나 천연물들을 그대로 발랐을 때 피부 트러블이 났다는 이야기를 들어본 적이 있을 것이다. 그런데 이러한 트러블은 그날의 면역력에 따라 나타나기도 하고 나타나지 않기도 한다. 그렇기 때문에 피부의 면역력을 키우는 일이 중요하다고 강조하는 것이다.

천연 성분이든 화학 성분이든 우리 피부에 바르는 물질에는 독성이 있기 마련이다. 따라서 독성을 가진 온갖 성분들을 이것저것 과도하게 도포하는 것보다 내 피부가 지닌 면역력으로 내 피부를 건강하게 유지하는 것이 피부를 위해서 훨씬 좋은 선택이다.

정직한 제품이 정직한 결과를 낳는다

오이 추출물 성분으로 피부에 트러블이 났던 그 고객은 내가 추천한 고욤 잎 추출물 베이스의 시카 크림과 미스트로 피부를 진정시킨 후에 나에게 자신의 피부가 진정된 사진을 보내왔다. 붉게 물들었던 피부와 군데군데 올라와 있던 뾰루지들도 다 완화된 게 보였다. 화장품으로 생긴 트러블이었지만, 나는 이미 고욤 잎 베이스의 시카 크림을 통해 많은 고객들의 트러블이 진정된 것을 경험했기 때문에 자신 있게 제품을 추천할 수 있었다.

내가 추천한 시카 크림은 공식적인 화장품 시험 기관의 '논코메도제닉(Non-comedogenic)' 테스트에서도 안정의 평가를 받았다. 하지만 나는 공식적인 테스트보다 실제 고객들의 임상 결과를 더 믿는 편인데, 이 제품은 실제로 많은 고객들의 트러블 피부를 비교적 안정적으로 잠재워서 의심의 여지 없이 고객에게 추천할 수 있었다.

"이 제품을 쓰고 제 피부가 고요해졌어요. 정말 감사합니다."

이후 그녀는 이 크림을 '고요 크림'이라는 애칭까지 붙이며 사용하고 있다고 했다. 시카 크림은 현재 우리 회사의 시그니처 제품이 되었다. 이 제품이 많은 고객들로부터 사랑을 받게 된 데에는 천연 성분이 주는 안정감, 정확한 성분 함유량을 제시한 것, 원재료가 되는 나무를 철저히 관리한 덕분이라고 생각한다. 정직하게 관리하고 정직하게 만든 제품이 정직한 결과를 낳게 된 것이다.

천연 화장품 고르는 법

천연 화장품이라는 단어는 왠지 순할 것 같고, 막연히 피부에 안정적일 것 같은 느낌을 준다. 하지만 그 느낌만 가지고 제품을 구입해서는 안 된다. 내 피부에 순하고 착한 천연 화장품을 바르게 고르기 위해서는 천연 성분이 어떤 땅에서 자랐는지 어떻게 키워졌는지 확인하는 것과 주성분이 되는 천연 성분의 함유량을 확인하는 것이 좋다. 하지만 화장품 회사들은 그 정보들을 공개할 의무가 없기 때문에 공개하지 않는다. 또 제품에 천연 성분을 많이 넣으면 기업의 이익이 줄어들기 때문에 단가가 싼 추출물들을 원료로 쓰는 화장품 회사가 많다. 그래도 요즘에는 자신의 제품을 만드는 농장이라며 국내의 농장을 공개하는 회사도 있고 유럽의 유기농 농장을 공개하는 회사도 있지만, 여전히 고객들이 농축된 추출물들과 정제수의 배합률을 확인할 방법이 없다는 것이 안타깝다. 어쩔 수 없이 고객들이 매의 눈으로 화장품을 분석하고 확인해 구입하는 것이 가장 현명한 방법이 될 뿐이다.

화장품을 구입할 때는 화장품 포장 상자 혹은 제품 뒷면에 표기된 전 성분을 확인하는 것을 습관화하는 것이 좋다. 성분 표시는 함유량이 많은 순서대로 표기되므로 맨 앞 또는 맨 위에 어떤 성분이 표기되어 있는지 확인하면 쉽게 함유량을 예상할 수 있다. '천연 화장품'이라는 문구에 요즘 말로 '아묻따(아무것도 묻지지도 따지지도 않고)'로 구입하기보다는 알레르기 유발 성분이 어느 정도 들어있는지도 확인하면 좋다. 알레르기 유발 성분은 인터넷에서 검색을 하거나 성분을 분석해주는 '화해' 앱을 활용하면 쉽게 확인할 수 있다. 화해 앱은 화장품을 바른 후 알레르기가 유발되었을 경우에도 많은 도움을 받을 수 있어 유용하다.

마음도 눈도 피부도 편한 선크림

“무기자차인가요, 유기자차인가요?”

2019년 10월의 어느 날이었다. 서울에 출장이 있었던 나는 집으로 돌아오는 KTX 안에서 한 통의 전화를 받았다.

“여보세요? 마더스프 판매자이시죠? 선크림에 대해 문의 좀 하려고요.”

“네, 반갑습니다. 궁금하신 점 있으면 말씀해주세요.”

나의 대답에 고객은 이렇게 물었다.

“제가 어제 자연드림에서 선크림을 구입했는데요. 12개월 된 아기에게 발라주려고 하는데 이 제품이 무기자차인지 유기자차인지 궁금해서요.”

"아 네, 무기자차입니다. 아기랑 같이 안심하고 쓰셔도 돼요!"

2019년에 나는 아기들과 함께 사용할 수 있는 '무기자차 선크림'을 자연드림에서 판매하기 시작했다. 사전적인 의미로 '무기자차(無機紫遮)'란 '무기화합물 계열의 자외선 차단제'의 줄임말로, 피부에 막을 형성해 자외선 흡수를 막는 제품을 말한다. 반면 유기자차란 유기화합물 계열의 차단제로, 피부에 흡수된 자외선을 화학반응으로 없애는 제품을 말한다. 나는 고객이 원하는 답변이 당연히 '무기자차'일 것이라고 믿어 의심치 않았다. 12개월 된 아기에게 쓸 용도이니까 당연히 무기화합물이 원료인 선크림을 원할 것이라 예상했던 것이다.

나의 예상과 달리 고객은 전혀 뜻밖의 질문을 다시 했다.

"아, 그래요? 무기자차가 '뇌'에 손상을 준다는데, 안심하고 발라도 되나요?"

나는 뭔가 뒤통수를 얻어맞은 기분이 되었다. 밑도 끝도 없는 고객의 질문에 당황했고 고객의 의도가 궁금해 다시 물었다.

"아, 혹시 무기자차와 유기자차의 차이는 아시죠?"

혹여라도 고객의 기분이 상할까 봐 아주 조심스러운 말투로 물었다. 고객도 나에게 조심스러운 말투로 대답했다.

"예, 제가 알기로는 무기자차는 자외선을 튕겨내는 거고 유기자차는 자외선을 흡수해서 파장을 바꾸는 거 아닌가요?"

고객은 무기자차와 유기자차의 자외선 차단 원리까지 정확히 알고 있었다. 고객의 대답대로 무기자차 선크림은 물리적으로 차단할 수 있는 화장품 성분을 통해 자외선의 피부 침투를 막는 원리이고, 유기자차 선크림은 자외선을 흡수해 파장을 바꾸는 원리이다. 무기자차와 유기자차 중 어떤 것이 효과가 더 좋은지 덜한지 따지기 전에 자외선을 흡수하는 유기자차 선크림보다 자외선을 튕겨내는 방식의 무기자차 선크림이 더 안전하다고 알려져 있다. 유기자차는 무기자차에 비해 발림성이 좋지만 눈시림이 발생하는 경우도 종종 있어서 무기자차 선크림이 아기들이 사용해도 안전한 선크림으로 많이 알려져 있다. 아기용 제품에 무기자차 선크림이 많이 쓰이는 이유다.

나 또한 피부가 예민했던 딸이 바를 수 있는 안전한 선크림을 만들기 위해 1년 넘게 제품 테스트를 해가며 무기자차 선크림을 출시했다. 자연드림에서도 여러 평가를 거친 후 우리 제품의 입점이 확정되어 순한 선크림이라는 자부심에는 한 치의 의심도 없던 터였는데, 예상하지 못한 고객의 질문에 당혹스러움을 감출 수 없었다.

●● "우리 제품은 나노가 아닙니다"

나는 잠시 머릿속을 정리한 뒤에 고객에게 정중히 물었다.

"저, 죄송하지만 무기자차가 안 좋다는 말씀은 어떤 근거로 하신 말씀이신지 여쭤봐도 될까요? 생산 책임자 입장에서 소비자께서 그렇게 생각하시게 된 경로를 알고 싶어서요."

20년 가까이 화장품업계에 있던 나도 처음 듣는 정보에 고객님은 어디서 그런 정보를 알게 된 것인지 궁금해서 확인하고자 물었다.

"어제 텔레비전에 나왔어요. 모 방송사의 ○○ 프로그램에서 독성 전문가가 나와서 그러던데요? 무기자차 성분이 뇌손상을 줄 수 있다고요."

고객의 대답에 안도의 한숨이 나왔다. 어디에서 나온 내용인지 확인할 수 있어 다행이었다. 고객과의 전화를 잠시 끊고 나는 고객이 이야기한 프로그램을 찾아서 시청했고, 고객이 방송의 내용을 재해석하면서 잘못된 정보를 인식하게 되었음을 알게 되었다.

고객이 봤다는 그 프로그램의 내용은 이러했다. 한 의과대학 교수가 출연해서 우리 생활 속에 침투한 독성 물질에 대한 이야기를 들려줬는데, 그 과정에서 무기자차 선크림의 나노 입자가 인체에 안 좋은 영향을 끼칠 수도 있다는 이야기를 한 것이 원인이었다. 나노 독성 연구의 권위자라는 그 교수는 방송에서 선크림의 나노 입자가 몸에 들어가면서 세포에 빨려 들어가 뇌세포까지 침투되어 치매를 유발할 수도 있다고 했다.

나는 너무 허탈해서 웃음이 나왔다. 이런 방송이 하나씩 방영될 때마다 나의 일 또한 늘어난다. 방송 정보를 재해석하고 있는 고객들에게 다시 쉽게 설명하고 화장품을 이해시켜야 하는 일, 우리 제품은 그럴 위험이 없다고 증명해야 할 일 등이 생긴다. 그 이후 나는 우리가 출시한 '위드알로 선크림'은 '논나노(Non-Nano)' 성분의 선크림임을 증명하기 위해 자체적으로 진행했던 테스트 자료들까지 가지고 다니며 고객들에게 해명을 했다.

다행히 우리 제품을 이용하시는 고객들은 나의 노력 덕분이었는지 제품에 문제가 없음을 믿고 사용해주고 있다. 하지만 이 방송 내용에 대해 화장품 비평가이자 작가인《화장품이 궁금한 너에게》(창비, 2019)의 최지현 저자는 자신의 블로그 '성분표 읽어주는 여자'와 〈헬스타파〉의 기고글을 통해 해당 교수의 주장에 증거가 없다는 내용을 싣기도 했다.

독일연방 위해평가원 2014년

화장품에 사용된 여러 종류의 나노 입자에 대해 독성 테스트가 이루어졌다. 이에 따르면 티타늄디옥사이드와 징크옥사이드 나노입자의 피부 영향은 충분히 검토되었다. 여러 연구에서 이 성분들의 나노입자는 인간의 피부를 통과하지 못하며 피부 표면에 머물러 있는 것으로 확인되었다. 이들은 피부에 오래 머물면서 털구멍에 스며들긴 하지만 그 이상으로 통과하지는 못한다. 털구멍 속의 나노 입자는 털이 자라면서 피부 표면으로 빠져나오게 된다.

며칠 동안 나노입자 관련 논문을 살펴보았지만, (중략) 어디서도 찾을 수 없었다.

- 최지현, "선크림 속 나노 성분이 뇌세포로 침투한다?", 〈헬스타파〉, 2019. 10. 29.

이외에도 최지현 저자는 의과대학 교수가 주장했던 티타늄디옥사이드 나노 입자의 뇌세포 침투 여부에 관련해서도 선크림을 피부에 발라서 침투된 것이 아닌 티타늄디옥사이드나 징크옥사이드의 나노 성분을 동물의 코를 통한 흡입이나 기관 주사, 기관 주입을 통해 그중 일부가 후각세포를 통해 뇌세포에 도달하는 것을 확인한 것 정도라는 논문을 찾아냈음을 밝혔다.

두 전문가의 논란에 대한 결론은 2022년 1월 14일 EU의 규정을 확인하면 정리가 될 것 같다. 2022년 1월 14일 EU 집행위(EFSA, European Food Safety Authority)는 이산화티타늄을 식품 첨가물로 사용하는 것을 금지한다고 발표했다. 덧붙여 이산화티타늄(티타늄디옥사이드, Tio2)을 포함하는 액체 혼합물은 발암성으로 분류되지 않지만, 분무 시 호흡 가능한 비말이 형성되어 위험할 수 있으니 에어로졸이나 미스트를 흡입하지 않기를 권고하며 문구로 표기하도록 규정이 발표되었다.

이는 티타늄디옥사이드 사용에 대해 바르는 선크림은 허용하지만, 식품 첨가물로 사용하는 것은 금지한다는 것을 뜻한다. 또한 액체 상태로 뿌리거나 흡입하는 것에 대한 위험성을 알리는 메시지로 해석하면 될 것이다.

모두가 편한 선크림에 도전하다

나는 예민하게 이것저것 따져가며 선크림을 선택하는 고객들의 마음을 누구보다 잘 이해한다. 나 또한 누구보다 선크림에 예민한 사람이었기 때문이다. 유기자차 계열의 선크림을 바르면 눈이 시렸고, 피부가 예민한 딸을 위해 더 순하고 안전한 선크림이 필요했다.

처음에는 직접 제조하지 않고 미국에서 수입한 유기농 선크림을 사용했다. 당시 내가 사용한 유기농 선크림은 무기자차 성분으로만 이루어진 것이 아니라 무기자차와 유기자차가 혼합된 형태였다. 그래서 발림성도 좋았고 눈시림도 그다지 심하지 않았다. 그런데 유기자차 성분에 따라다니는 '호르몬 교란'의 논란이 있었던 터라 그 점이 영 개운하지 않았다. 그래서 마음도 편하고 눈도 편하고 피부도 편한 선크림을 직접 만들기로 했다.

내가 직접 자외선 차단 인증까지 받기에는 시간적, 경제적인 부담이 있어서 화장품 제조사에서 미리 인증을 받은 안전한 무기자차 성분의 선크림들을 샘플로 받아 나와 딸이 함께 바를 수 있는 선크림을 제조하기로 했다. 단, 혼합형의 선크림이 아닌 오직 무기자차 성분만으로 만들기로 마음먹었다.

테스트를 시작하며 몇 번의 샘플을 접해본 후 SPF(Sun Protection Factor) 지수와 PA(Protection Grade of UVA) 지수를 약간 낮추는 것으로 선택했다. SPF 지수란 자외선 B(UVB)를 차단하는 지수를 말한다. 자외선 B는 피부 표면에 영향을 주어 화끈거림이나 홍반 화상 등을 일으키기도 하고 피부암을 일으킬 수도 있는 원인으로 알려져 있다. 보통 일상생활에서는 SPF 30 이상이 적합한 지수라고 보면 된다.

PA지수는 자외선 A에 대한 차단 지수를 나타내는 것으로 숫자가 아닌 +로 표기한다. 자외선 A는 색소 침착, 주름, 노화의 원인이 되는 자외선이다. 보통 일상에서는 PA++ 또는 PA+++가 적합한 지수다.

내가 선크림을 만들기로 하면서 SPF 지수와 PA 지수를 낮추기로 한 이유는 두 개 지수가 높아질수록 자외선을 차단하는 주성분이 되는 티타늄디옥사이드 혹은 징크옥사이드의 양도 늘어나기 때문이다. 이 성분들의 양이 늘어날수록 제품의 제형이 많이 뻑뻑해지며 피부에 발랐을 때 피부가 빠르게 건조되는 것을 느꼈다. 그래서 아이와 함께 바르기에 적합하지 않다고 생각했다.

수십 번의 테스트를 거치고 난 다음에서야 딸과 나의 피부가 편안한 선크림이 나오게 되었다. 눈도 편안하고 피부도 편안하고 마음도 편안해 딸과 함께 바를 수 있었다. 바로 내가 딱 원했던 선크림이었다.

선크림을 매일 발라야 하는 것은 아니다

내가 생각하는 좋은 선크림은 발림성이 좋거나 자외선 차단 지수가 높은 것이 아니다. 부족한 자외선 지수는 자연의 그늘을 이용하는 것을 비롯해 모자, 양산, 마스크로 채울 수 있다.

무엇보다 나는 선크림을 늘 조심스럽게 사용할 것을 강조한다. 자외선 차단제는 자외선이 세계보건기구(WHO)가 지정한 1군 발암 물질로 일광 화상, 피부 노화, 피부암 등을 유발하기 때문에 선택하는 차선책임을 잊지 말아야 한다.

나는 선크림을 매일 바르지 않는다. 우리 딸에게도 매일 발라주지 않는다. 하지만 뜨거운 햇빛에 피부를 노출해야 하는 경우에는 반드시 바른다. 가족 나들이를 갈 때, 학교에서 소풍을 갈 때, 자외선이 강한 날에는 외출 30분 전에 바른다.

하루 종일 햇빛 아래에 있어야 하는 특별한 경우에는 덧바를 것을 권한다. 하루 종일 햇빛 아래에서 일을 하는 사람이나 바깥 활동이 많은 사람인 경우에도 선크림을 반드시 바를 것을 추천한다. 여성의 경우 메이크업 제품인 메이크업 베이스, 파운데이션, 팩트 파우더 등 피부를 덮는 모든 제품에는 티타늄디옥사이드가 들어 있을 가능성이 크기 때문에 이런 제품을 사용하는 여성들은 선크림을 덧바르는 것을 예민하게 생각하지 않아도 된다.

무기자차든 유기자차든 선크림은 피부에 유익한 성분은 아니라고 생각한다. 둘 다 각각의 리스크가 존재한다. 그래서 나는 돌 전의 아이들은 선크림이 아닌 그냥 물리적 차단 방식으로 자외선을 차단할 것을 권하기도 한다. 물리적 차단 방식이란 모자, 수건, 마스크, 양산 등을 통해 자외선을 차단하는 것을 의미한다. 사실 돌 전의 아이들은 뜨거운 태양의 장시간 노출은 되도록 피하도록 하는 것이 제일 좋다. 어쩔 수 없는 경우에는 차단 지수가 낮은 선크림을 바르고 물리적 차단 방식을 추가하는 것도 괜찮다. 나 또한 되도록 차단 지수가 낮은 선크림을 바르고 검정색 마스크를 착용하는 물리적 차단 방식을 이용해 마음도 편하고 눈도 편하고 피부도 편하게 자외선으로부터 피부를 보호한다.

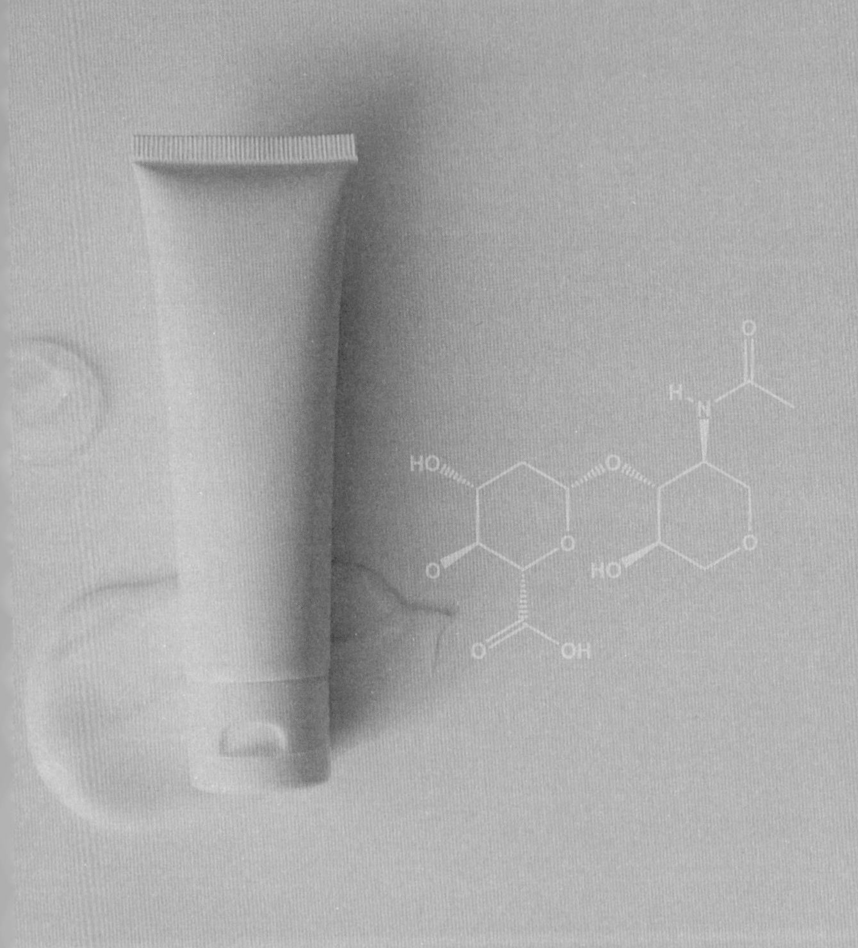
O
H
N
HO
O
O
O
HO
O
O
OH

4장

생애 주기별 피부 관리 노하우

화장품은 생애 발달 주기에 맞춰 고르자

●● '화장품 광고 전쟁'의 피해자는 소비자

아침에 일어나서 잠들기 전까지 우리가 접하는 화장품 광고는 몇 개나 될까? 꼭 텔레비전 광고에 한정하지 않고 온라인과 오프라인까지 통틀어서 그 개수는 예상을 훨씬 뛰어넘을 것이다. 포털 사이트뿐 아니라 휴대폰으로 페이스북, 인스타그램, 유튜브 등을 검색하더라도 화장품 광고가 수시로 우리 눈앞에 뜨기 때문이다.

그것뿐만이 아니다. 더러는 지인이 시작했다는 네트워크 화장품 사업도 좁은 의미에서는 내가 접하는 광고에 포함되며, 홈쇼핑에서 구입한 화장품을 나눠 쓰자고 전화를 걸어온 친구가 권하는 새로운 화장품도 광고에 포함된다. 전자가 지인이 전하는 직접 광고라면, 후자는 아마 말로만 듣던 바이럴 마케팅일 것이다. 바이럴 마케팅(Viral Marketing)이란 '바이러스(Virus)'처럼 사람들 사이에 입소문으로 퍼져 나가는 마케팅을 말한다. "그 제품 써봤어? 좋대"라는 친구의 말이 곧 바이럴 마케팅이 되는 것이다.

이처럼 화장품 회사들은 저마다 자사 브랜드를 알리기 위해 '화장품 광고 전쟁'을 치열하게 펼친다. 일례로 내가 주최하는 '화장품에 대한 바른 생각' 캠페인도 '마더스프' 브랜드를 알리기 위한 일종의 광고 마케팅 방법이라고 볼 수도 있다.

그런데 이 광고 경쟁이 과해서 전쟁으로까지 번지면 부작용이 속출하게 된다. 특히 '전쟁'에서는 피해자가 분명히 생기는 법이다. 안타깝게도 '화장품 광고 전쟁'에 대한 피해는 고스란히 소비자의 몫으로 돌아온다. 무분별한 정보가 난무하는 광고 홍수 속에서 소비자들은 화장품을 선택하는 데 꼭 필요한 정보를 알게 되는 것이 아니라, 얼마나 유명한 제품인지가 곧 안전이라고 믿게 되기 때문이다.

이런 믿음은 명백히 틀렸다. 무분별한 정보 속에서 소비자들은 선택의 중심에 자신의 피부를 놓지 않고 화장품 회사를 놓게 되고 그로 인해 화장품 회사 중심의 소비를 하게 될 뿐이다.

● ● '나의 피부는 OO다'

'화장품에 대한 바른 생각'

강연을 할 때 내가 청중들에게 꼭 묻고 시작하는 질문이 있다.

"여러분이 원하는 피부에 대한 생각을 먼저 여쭤보겠습니다. 누군가가 여러분에게 '당신의 피부는 ○○다'라고 말해준다거나 여러분 스스로 '나의 피부는 ○○다'라고 말한다면, 이 동그라미에 어떤 말이 들어가면 좋을까요?"

이 질문에 대한 대답은 비슷하다. '건조하다', '칙칙하다', '좋다', '안 좋다' 등의 답이 나온다. 피부의 심미적 기능만을 생각하는 답변이 나오는 것이다. 이런 대답을 듣고 나면, 나는 청중들에게 우리가 심미적인 기능만 생각하는 답변을 하는 이유가 바로 '광고'의 영향 때문이라고 말해준다. 화장품 산업이 과도하게 발달하면서 소비자가 과도하게 광고에 노출되기 때문이라고 이야기하면서 이 말을 꼭 덧붙인다.

"피부가 하는 역할 중 심미적인 역할, 그러니까 겉으로 보이는 아름다움을 주는 역할은 아주 적습니다. 하지만 우리는 지금껏 무분별하게 접하는 화장품 광고에서 피부는 하얗고 촉촉하고 물광이나 윤광이 나야 좋다는 인식이 무의식에 계속 쌓이고 있습니다. 피부의 진짜 역할은 몸을 보호하고 촉각을 느끼게 해주고 온도를 조절해주는 역할입니다. 그 역할이 가장 크고 또 중요한 기능이죠. 그래서 '나의 피부는 ○○다'에서는 '나의 피부는 건강하다'라고 표현하는 것이 가장 적절하고 또 가장 원해야 할 표현이라고 생각합니다."

●● 보습은 내부로부터 채워져야 한다

피부는 우리의 몸을 보호하고 우리의 온도를 조절하기 위해 '보습'이라는 능력을 발휘하는데, 이 보습 기능은 화장품에서 나오는 것이 아니라 피부 자체의 역할이라고 보는 것이 더 맞다. 즉, 화장품으로 수분을 보충(보습)하는 것이 아니라 피부 자체의 면역력으로부터 수분이 채워져야 한다는 것이다. 좀 더 쉽게 설명한다면, 보습은 습기(수분)를 오랫동안 보존해 피부의 열감, 가려움, 건조함 등의 불편한 느낌을 줄여서 살아가는 데 불편함을 느끼지 않게 해주는 우리 몸의 면역 시스템 중 하나다. 따라서 이 면역 시스템에 문제가 생겼을 경우 수분을 뺏겨서 피부가 건조해지고 가렵고 나아가서는 2차 감염 등의 문제가 생긴다.

화장품 회사에서는 우리 피부가 건조해지거나 기타 다른 문제가 생겼을 때 이를 피부의 자생력을 높이는 방향으로 해결하지 않고 보습제를 듬뿍 발라야 한다고 강조한다. 무언가를 덧바르는 것이 피부 건조를 해결하는 근본적인 처방책이 아닌데도, 광고를 통해 이를 사실처럼 생각하도록 세뇌시키는 것이다. 나는 이 보습제

광고야말로 화장품 광고 전쟁에서 가장 많은 피해자를 발생시키는 대표적인 과장 광고라고 생각한다.

면역 시스템을 화장품으로 바꿀 수 있다는 거짓말

화장품 회사의 광고를 들여다보면 '보습'의 역할이 매우 과중하게 편중되어 있음을 알 수 있다. 특히 내가 가장 불편한 광고는 보습력이 강한 화장품으로 '피부 장벽을 보호하라'는 문구이다.

사실 보습력은 앞에서 말한 것처럼 피부 자체가 가지고 있는 면역 시스템의 하나이다. 우리 몸이 스스로를 보호하기 위해 타고난 면역 체계로, 개인마다 가지고 있는 에너지와 파워가 모두 다르다. 예를 들어 지난 몇 년간 유행하는 코로나 바이러스에 대해서도 각자가 지닌 몸의 면역 시스템에 따라 감염 여부가 달라지는 것처럼, 피부의 기능도 면역 시스템에 따라 기능이 강화될 수도 있고 약화될 수도 있는 것이다.

이런 면역 시스템을 오직 화장품으로 바꿀 수는 없다. 보습제는 우리 피부가 가지고 있는 본연의 면역 시스템에 하나의 보호막을 만들어주는 정도일 뿐 '피부 보호 장벽'을 강화시키는 능력은 없다. '피부 보호 장벽'을 강화하려면 음식 조절, 적절한 수면, 운동을 통해 자기 자신이 만들어가야 한다. 화장품을 바꾼다고 피부 보호 장벽이 강화되는 것이 아니다.

●● 강력한 보습력보다 상황에 맞는 보습력

보습력은 개인마다 차이가 있다. 특히 나이에 따라 환경에 따라 상황에 따라 바뀌기도 한다. 피부가 숨 쉰다는 이야기가 괜히 있는 것이 아니다. 피부는 그때그때 피부가 처한 환경에 따라 여러 가지 시스템을 이용해 체온을 유지하고 외부 환경에서 몸을 보호하기 위해 최선을 다하고 있다. 따라서 피부의 보습 능력이 매번 바뀔 수 있다는 사실을 반드시 인지하고 있어야 한다. 그래서 나는 '강력한 보습력'이 아닌 '상황에 맞는 보습력'을 꼭 이야기한다.

상황에 맞는 보습력의 중요성에 바탕을 둔 이론이 있다. 바로 생애 발달 주기에 맞춰 보습제를 선택해야 한다는 'LTDS(Life Time Development System) 케어 시스템'이 그것이다. 생애 발달 주기에 따라 올바른 관리를 해야 내 피부를 건강하게 지킬 수 있고 면역력도 강화시킬 수 있다.

생애 발달 주기는 다음의 5단계로 나뉜다.

- 태아기 ~ 영아기
- 아동기 ~ 청소년기

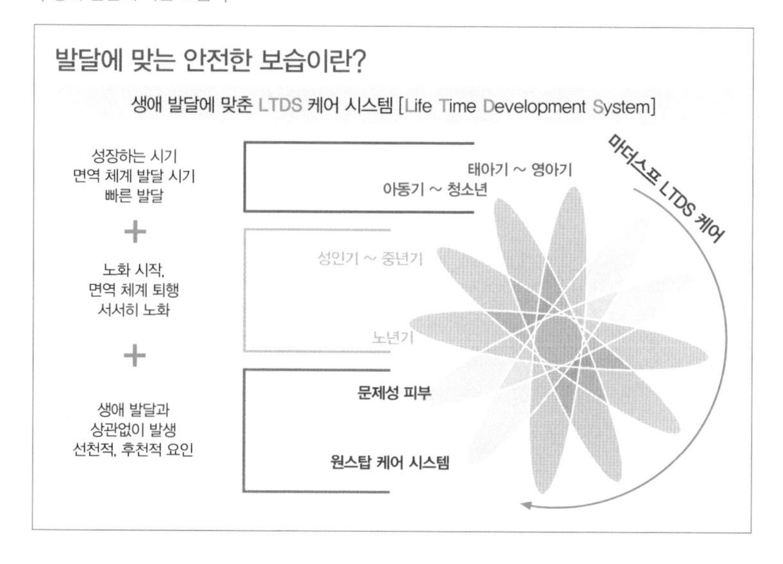

- 성인기 ~ 중년기
- 노년기
- 문제성 피부(생애 발달과 상관없이 발생)

LTDS 케어란 생애 발달에 맞춘 보습 관리를 제공하는 보습 관리 상담 시스템이다. LTDS 케어 시스템은 위의 그림에서 보듯이 우리 피부의 생애 발달 주기에 맞춰 보습제를 안내하고 상담한다. 태아기부터 영아기에는 스스로 보습할 수 있는 보습력, 즉 면역 체계가 잘 발달될 수 있도록 인공적인 보습 성분은 최소한으로 보습제를 사용하도록 한다. 이후 청소년기에는 호르몬의 분비가 많아지며 유분감도 같이 많아지기 때문에 유분감을 최소화할 수 있는 보습이 중요하다. 성인기와 중년기를 거쳐 노년기까지는 면역 체계가 퇴행하면서 노화하는 시기다. 이 시기에는 생활 습관을 기반으로 주름, 미백 등의 기능성 제품 등을 같이 사용할 수 있다. 노년기부터는 본격적으로 유분감이 풍부한 크림 타입의 로션이 필요한 때이다.

이외에 건조함이나 여드름, 아토피 같은 문제를 지닌 피부는 생애 발달과 상관없이 증상이 나타날 수 있는데 이러한 피부 변화와 증상도 외부 환경(본인이 머무르는 환경, 건조함, 유해 물질 등)이나 내부 환경(마음 상태, 심리 상태, 스트레스)에 따라 나타날 수 있다는 것을 인지하고 체크해 행동을 먼저 수정하고 증상 완화에 맞는 화장품을 사용하면서 건강한 피부로 재탄생될 수 있도록 돕는다.

'건강한 피부'는 태아기 뇌 발달에서 시작된다

●● 화장품 바르는 것만 피부 관리가 아니다

태아기 때부터 피부 관리를 해야 한다는 나의 주장에 한 고객님은 이렇게 물어왔다.

"태아기라면 아이가 배 속에 있을 때인데 태중의 아이에게 어떻게 화장품을 발라주나요?"

고객님의 입장에서도 나의 주장이 생소했겠지만 나 역시도 고객의 질문이 다소 황당했다. 피부 관리는 곧 화장품이라는 인식이 팽배한 탓이었는지, 아니면 태아기 때부터 피부를 관리해야 한다는 나의 이야기를 듣고 어떤 오해를 했는지 모르겠지만, 나는 모든 사람이 지금부터라도 피부 관리는 곧 화장품이라는 인식에서 자유로워지길 바란다.

배 속에 있는 아기의 피부를 어떻게 관리해주느냐고 물어온 고객은 피부 관리가 곧 화장품이라는 인식을 하고 있을 뿐 아니라, 피부의 기능에 대한 이해도 아주 부족하다고 여길 수밖에 없었다. 앞에서도 말했듯이, 생애 주기별 피부 관리 노하우는 피부 자체의 역할을 생각해 보고 피부 스스로 면역할 수 있는 힘을 높이자는 취지에서 나온 것이다. 다짜고짜 화장품을 듬뿍 발라 보습력을 높이라는 화장품 회사의 주장은 이제 잊어버려야 한다.

태아기 피부의 중요한 역할은 태아가 세상에 나올 때까지 피부세포들이 제대로 자리 잡고 제대로 분화되어 건강한 피부를 가지고 태어나게 하는 데 그 목적이 있다. 따라서 생애 주기별 피부 관리 노하우의 첫 번째 단계는 당연히 태아기 피부 이야기부터 시작해야 한다. 태아란 인간의 생애에서 가장 먼저 시작되는 주기이자 가장 중요한 주기이기 때문이다.

●● 태아기부터 피부 관리를 시작하는 이유

태아기란 난자와 정자의 결합으로 생기는 수정란에서부터 시작되어 출산까지의 38주 정도의 시기를 말한다. 태아의 태내 발달부터 인간의 생애가 시작되는 시기다. 태아의 태내 발달은 크게 3기로 구분하는데, 수정에서 약 2주간을 '발아기', 다음 6주간을 '배아기', 이후 2개월에서 출산까지를 '태아기'라고 한다.

내가 태아기부터 피부 관리를 시작하라고 주장하는 이유는, 착상이 완료된 후의 배아는 세포 분열 및 분화를 통해 태아의 모습과 기관이 형성되는데 그 처음 세포 분열을 시작하는 기관이 바로 뇌와 피부이기 때문이다. 뇌와 피부는 외배엽이라는 같은 세포에서 분열을 시작해 분화된다.

배아기가 안전하게 지나야 비로소 태아의 모습이 형성된다. 그때 착상 후의 양막 주머니에 자리 잡은 배아의 가장 바깥쪽에 위치한 세포층을 바로 외배엽이라고 하며, 이 외배엽에서는 피부의 상피, 머리카락, 피지샘, 땀샘, 비강, 구강, 타액샘, 입과 코의 점막, 치아의 에나멜질, 젖샘, 중추신경계(뇌와 척수) 및 말초 신경계를 이루게 된다. 이렇듯 피부와 뇌의 분화는 같은 세포에서 시작되고, 그렇기 때문에 피부에서 느끼는 것들을 뇌도 같이 느끼거나 뇌가 느끼는 불편함이 피부로 나타나기도 하는 것이다.

이렇게 뇌와 같은 세포에서 분화해 발달된 피부는 신생아기와 유아기에는 엄마의 안정적인 스킨십을 통해 촉각 자극을 받으며 뇌를 계속 발달시켜 다른 기관들의 지속적인 발달을 촉진한다. 그뿐만 아니라 피부를 통해 애착을 경험함으로써 아기는 세상에 신뢰를 갖게 되고 안정적인 인생을 살아갈 수 있는 것이다.

태아기 피부 발달의 핵심은 뇌 발달

태아기 피부 발달에서 중요하게 생각해야 하는 것은 태아기 피부와 연결되어 있는 뇌의 발달이 잘 이루어질 수 있도록 돕는 것이다. 그 발달을 돕는 사람이 바로 태아의 집을 제공하는 엄마다. 그래서 태아기 피부 관리의 모든 것은 임산부와 직결된다.

태아기 피부 세포가 잘 자리 잡도록 하기 위해 임산부에게 필요한 것은 바로 '편안한 마음가짐', '충분한 영양소', '적절한 운동'이다. 우리가 흔히 알고 있는 '태교'에 관심을 가진다면, 태아의 뇌 발달과 더불어 피부도 잘 발달될 것이다.

임산부들이 태교와 더불어 태아의 뇌 발달을 위해 조심해야 할 것이 하나 있다. 바로 '독성 물질'을 되도록 접하지 않는 것이다. 독성 물질이란 담배, 술, 과도한 스트레스 등을 이야기하는데, 화학 물질도 독성 물질의 하나가 될 수 있다.

특히 임신을 하게 되면 몸의 모든 세포가 예민하게 반응해서 없던 알레르기가 유발될 수 있다. 그런데 이것이 곧 태아의 뇌 발달에 영향을 미칠 수 있다. 그렇기에 알레르기에 노출되지 않도록 최대한 조심해야 한다. 일부 화장품에는 알레르기를 유발하는 성분이 들어 있으므로, 과도한 화장품도 임산부가 피해야 할 독성 물질에 속한다고 봐야 한다.

태아의 뇌 발달에 문제가 생기면 이는 자동으로 피부의 문제로

이어진다. 앞에서 계속 이야기했던 것처럼 태아기 뇌가 발달하며 피부도 연계되어 만들어지기 때문에 뇌가 편안하면 피부도 편안하고 반대로 뇌 어딘가가 불편하면 피부도 불편함을 느끼게 되기 때문이다. 피부의 본래 역할은 촉각을 뇌에 전달하는 기능이므로 뇌와 피부는 불가분의 관계이다.

●● 임산부 튼살 크림이 가지고 있는 진실

임산부의 피부 관리 이야기를 하면 꼭 같이 대두되는 것이 임산부 튼살 크림이다. 임산부 튼살 크림이라고 집중적으로 튼살을 막아준다고 광고하는 회사들도 많이 있지만, 사실 임산부 튼살 크림의 효능은 그저 후기에만 존재할 뿐이다. 튼살 크림은 부족한 임산부의 보습 관리 차원의 크림일 뿐이다. 특히 이미 생긴 튼살을 없앤다는 것은 과장 광고이며 거짓이다.

튼살은 임신 후 피부 진피층의 콜라겐 섬유, 엘라스틴 등의 탄력섬유간 그물구조가 무너지면서 피부 조직이 손상되며 생기게 된다. 튼살을 방지하고 싶다면 지속적인 운동과 영양 관리로 피부 조직을 튼튼하게 만들어주는 일 외에는 별다른 방법이 없다. 이 역시도 결국에는 자가 보습력, 즉 자가 면역력에 의해 좌우되는 영역인 것이다.

화장품학 박사이자 〈헬스경향〉 기자인 한정선 저자는《화장품은 내게 거짓말을 한다》(다온북스, 2020)에서 튼살 크림은 마음의 위안에 불과하다며 이렇게 쓰고 있다.

> 영국 피부학회지(British Journal of Dermatology)는 2015년 미국 미시간대학교의 연구 결과를 토대로 '임산부 튼살 크림은 효과가 없다'고 발표한 적이 있다. 연구진은 시중의 튼살 크림은 대부분 과학적으로 효과가 입증되지 않았을 뿐 아니라 이미 손상된 피부 조직을 재생시키는 제품은 존재하지 않는다고 주장했다. 실제로 튼살 화장품의 성분을 들여다보면 튼살을 획기적으로 완화시킬 만한 성분은 없다. 피부 건조를 해결해 주는 정제수를 기반으로 글리세린, 식물성 오일 등의 보습 성분이 대부분이기 때문에 보디 크림과 같은 보습 화장품과 별 차이가 없다고 볼 수 있다.
>
> \- 한정선,《화장품은 내게 거짓말을 한다》, 다온북스, 2020

나 또한 저자와 같은 생각이다. 그래서 마더스프 쇼핑몰에서는 튼살 크림을 따로 판매하지 않는다. 일반적인 보습제와 시중에서 판매하는 임산부 전용 크림이라고 판매하는 튼살 크림의 성분이 같기 때문이다. 그래서 내가 임산부에게 추천하는 제품은 임산부의 마음을 편안하게 해주면서 자극이 적은 아로마 향의 유기농 호호바 오일과 알로에베라 잎수가 듬뿍 들어 있는 당사의 '위드알로 모이스처 보습 크림'이다. 더불어 보습을 좀 더 신경 써서 관리하는 게 좋다고 안내한다.

●● 아이의 피부를 위해서 엄마가 할 일

내가 특별하게 강조하는 튼살 관리법은 바로 아이와의 교감이다. 마음이 편안해지는 아로마 오일이나 유기농 오일을 바르며 엄마의 목소리로 이야기를 들려주며 보습 마사지를 하는 것이다. 물론 이때에도 임산부에게 알레르기가 유발되지 않는 것으로 입증된 성분의 제품을 이용해야 한다. 화장품도 피부에 흡수되어 알레르기를 유발할 수 있기 때문이다.

마사지를 통한 혈액 순환과 엄마의 따뜻한 소리는 배 속 태아의 뇌 발달에 중요한 영향을 끼치며 건강한 피부가 완성되는 데도 큰 역할을 한다. 그뿐만 아니라 임산부에게도 효과적이다. 마사지를 통해 혈액이 잘 순환되고 마음이 편안해지면 기분이 좋아지는 세로토닌 등의 호르몬 분비가 자극되고, 이 자극으로 인해 뇌의 성장 세포 인자 활동이 시냅스를 연결시켜 피부 세포를 자극하게 한다. 이때 자극된 피부 세포는 콜라겐과 엘라스틴의 분비를 촉진해 피부가 건강하게 유지될 수 있도록 돕는다.

물론 이 또한 이론에 불과할 수도 있다. 현실적으로 너무 과하게 배가 불러오면 불가피하게 튼살이 생길 수 있다. 또는 유전적으로 살성이 좋은 피부의 임산부는 튼살을 방지하기 더 쉬울 것이다. 결국 화장품을 최소화하고 최대한 알레르기 유발이 적은 제품을 선택하는 것이 가장 좋은 태아기 피부 관리법의 하나다. 임산부의 피부 관리를 위한 최고의 화장품은 바로 '편안한 마음가짐', '충분한 영양소', '적절한 운동'임을 한 번 더 강조하고 싶다.

아기에게 꼭 필요한 화장품은 엄마 품이다

●● 신생아기, 스킨십이 중요하다

신생아기란 태아가 모체에서 떠난 순간, 즉 분만 직후부터 임신, 분만의 영향이 사라지고 태외 생활에 적응 과정을 마칠 때까지의 기간을 말한다. 주로 아기가 태어난 후부터 4주까지 정도의 기간이 이에 해당한다. 이 기간에 신생아는 그동안 엄마에게 자동적으로 공급받던 산소나 영양 없이 스스로 호흡해야 하고 모유나 분유를 먹어야 한다. 이를 위해서 본격적으로 감각들이 발달해야 하는 중요한 시기이기도 하다.

신생아기의 후각은 강한 악취에 대한 반응을 보일 정도이고, 시각은 명암을 판별하는 정도이다. 청각은 생후 1주일경까지는 거의 반응이 없다가 이후 뇌 발달을 통해 이러한 감각들이 발달하기 시작한다. 그때 뇌 발달에 중요한 영향을 주는 것이 바로 엄마(주 양육자)와의 스트로크(Stroke), 즉 스킨십이다. 스트로크란 사람이 피부 접촉, 표정, 감정, 태도, 언어 등 기타 여러 형태의 행동을 통해서 상대방에게 자신의 반응을 알리는 인간 인식의 기본 단위다.

엄마가 신생아기에 할 수 있는 최고의 스트로크는 바로 스킨십이다. 이를 통해 아기의 뇌 발달이 촉진된다. 피부 역시 뇌 발달과 함께 제 기능을 하기 위해 발달된다. 엄마(주 양육자)와의 스킨십은 뇌 발달에 영향을 주고 그렇게 발달된 뇌는 후각, 청각, 미각, 시각, 촉각 등을 골고루 발달시키기 때문에 피부도 더 건강하게 성장하게 된다. 그러나 여전히 신생아기 아기들의 모든 감각은 미약하다. 아직 제대로 된 역할을 한다고 볼 수 없는 시기라고 봐야 한다.

●● 아기의 '피부'를 기다리지 못하는 이유

신생아기에 아이의 시력은 0.01 정도이다. 앞에서 말한 바와 같이 명암을 판별하는 정도이며, 7~8년 정도가 지나야 비로소 1.0 정도의 시력을 갖추게 된다. 1.0 정도의 시력을 갖추는 데 7년의 시간이 걸리는 것이다. 신생아기의 소화 기관도 미숙하기는 마찬가지다. 그렇기 때문에 엄마(주 양육자)들은 젖이나 분유를 이용해 영양을 공급하고, 아이의 소화 기관이 영양을 흡수하고 소화 기능이 원활해질 때를 기다려 이유식을 제공하며 아이가 스스로 소화하고 배설할 수 있도록 기다려준다.

반면에 유독 우리 사회가 신생아에게 조급하게 구는 신체 기관이 있다. 바로 '피부'다. 무슨 이유에서인지 우리나라 주 양육자들은 유난히 피부라는 기관이 제 역할을 할 때까지 도와주고 기다려주지 않는다. 피부는 앞에서 말한 것처럼 우리 몸을 보호하고 촉각을 느끼게 해주고 온도를 조절해주는 역할을 한다. 그런데 신생아들의 피부는 아직 미숙하고 여려서 이 역할을 수행하는 데 터무니없이 부족하다. 한 기관으로서 당당히 역할을 해나가고 있다고 보기 매우 어려운 기관이 바로 피부다.

게다가 신생아들의 체온은 기본적으로 조금 높으므로 피부에는 붉은 기가 돌았다 나아지고 태열이 올라왔다가 내려갔다가 하는 등 변화가 무쌍하다. 그러나 이런 현상은 신생아기에는 자연스러운 것이다. 피부가 제 기능을 갖추기 위해 계속 발달하면서 보이는 현상들이기 때문이다.

신생아의 피부는 각질화가 덜 되어 있기 때문에 쉽게 건조해지고 외부 자극에도 취약해서 성인에 비해 피부 손상도가 크고 세균감염에도 취약하다. 한마디로 피부 보호막 기능이 현저히 떨어진다. 피부 장벽이 약해 쉽게 건조해지고 거칠어진다. 그런데 이것 역시 신생아이기에 나타나는 특징이지 피부의 문제점으로 인해 나타나는 특징이 아니다.

●● 로션보다

스킨십을 해주자

유독 피부 발달만큼은 기다려주지 못하는 주 양육자들이 피부가 약한 신생아들의 피부를 강력한 보습으로 보호한다는 명목 아래 보습을 단행하곤 한다. 이런 것이 정말 신생아 피부에 도움이 될까? 나는 이 문제에 대해서는 확실히 '아니다'라고 말할 수 있다. 보습과는 전혀 상관없이 성장한 아이들을 더러 보았고, 그 아이들의 피부가 어떻게 제 기능을 해나가는지 지켜봤기 때문이다.

아주 아기일 때부터 강력한 보습 크림의 도움을 받아 피부층을 보호해왔던 아이들 중에는 피부가 스스로 보습을 해결해야 할 나이가 되었을 때도 아토피 등이 빈번히 발생하며 피부가 건강하게 발달되지 못한 경우를 자주 봤다. 따라서 나는 화장품으로 피부 장벽을 보호한다는 생각보다는 피부 자체의 기능을 건강하게 발달시키는 것이 아이의 피부를 지키는 본질적인 방법이라고 확신하게 되었다.

신생아들의 피부가 건조한 것은 당연하다. 태어나자마자 바깥 공기에 노출되니 그런 것이고, 아직 아이들 피부가 제 기능을 하지 못해서 그런 것이다. 그런데 산후 조리원에서는 태어나자마자 건조한 아이들의 피부를 문제 삼으며 집으로 돌아가면 로션을 정성껏 바를 것을 권유하기도 한다. 나는 그 의견에는 반대한다. 적어도 태어나 1주일, 즉 아이 몸에서 태지(胎脂)가 다 떨어질 때까지는 적어도 화학 성분이 있는 인위적인 보습제를 바르면 안 된다. 그보다는 자연적으로 아기 스스로 피부를 발달시킬 수 있게 엄마가 더 많이 안아주고 스킨십을 해줄 것을 강력히 권하고 싶다.

특히 신생아 로션에서 나는 베이비 파우더 향은 아기 냄새가 아니다. 이런 인공화학 향료는 아이의 후각에도 영향을 미쳐서 알레르기를 유발시켜 피부 트러블을 일으키는 요인이 되기도 한다. 우리 딸의 경우가 그랬다.

●● 아이들 피부 자체의 기능을 믿자

엄마와의 스킨십이 기본으로 채워진 다음에 신생아기에 쓰는 화장품에 눈을 돌려도 좋다. 신생아기부터 영아기까지는 화학적 성분을 이용한 강력한 크림 타입의 보습보다는 최소한의 보습으로 아이의 피부가 자연스럽게 발달되는 것을 돕는 것을 추천하고 싶다.

영아기는 아기가 태어난 후로 1년 반에서 2년 정도를 말하며 개월 수로는 24개월 정도를 일컫는다. 대개 유아용 보습 크림은 신생아기부터 사용할 수 있는데, 이 역시 구별해서 사용해야 한다. 6세 전후 유아의 피부와 신생아부터 영아기까지 아이들의 피부는 많이 다르기 때문이다.

신생아기부터 영아기까지는 화학 성분이 최소화된, 유화되지 않은 미스트를 사용할 것을 권한다. 영아기 아기들에게 무분별한 화학 성분의 화장품을 발라주는 것은 소화 기능이 아직 원활하지 않은 아이에게 밥을 먹이는 행위와 같다고 생각한다.

애석하게도 나는 그 실수를 범한 사람 중 하나다. 나 또한 사회적 분위기에 휩쓸려서 그것이 당연하다고 생각하고 내 딸이 태어나자마자 고가의 화장품을 발라주며 제대로 된 엄마 노릇을 하고 있다고 생각했다. 하지만 내 딸의 피부는 오만 가지 성분의 화장품을 받아들일 준비가 되어 있지 않았고 피부 트러블로 나에게 계속 신호를 보내왔다. 거듭 강조하지만, 이 시기 아이들에게는 스스로의 치유 능력과 피부 자체의 기능이 제대로 자리 잡을 수 있도록 기다려주는 일이 무엇보다 필요하다.

●● 신생아부터 영아기까지 어떤 제품을 어떻게 써야 할까

신생아부터 영아기까지 화학 성분을 최소화한 물 타입의 제품을 쓸 것을 권한다. 우리 제품 가운데 하나를 꼽는다면 '알로에 미스트' 정도가 될 것이다. 신생아 피부는 열 관리 능력이 떨어지는데, 앞에서 말한 것처럼 알로에는 열을 관리하는 데 탁월한 효과가 있다.

신생아 얼굴에 미스트를 사용할 때는 어른들에게 하듯 뿌리는 것이 아니라 엄마의 손에 묻힌 다음 아이에게 발라준다. 엄마 손바

닥에 뿌린 다음 아기 얼굴에 살짝 갖다 대면서 두드려줘도 좋고 엄마 손에 묻힌 미스트를 아기 얼굴에 직접 발라도 상관없다.

앞서도 말했듯 신생아 피부는 열 관리 능력이 떨어지므로 태열 관리만 잘해도 피부를 진정시키는 데 충분하다. 피부의 열을 내리는 데 알로에 겔은 생각보다 효과가 좋다.

아기의 피부가 건조한 것 같다고 묻는 신생아의 엄마에게 나는 이렇게 대답한다. "아기의 피부가 건조한 것은 당연한 것이니 너무 걱정하지 말고 많이 사랑해 주고 많이 안아주시고 눈 맞춤을 많이 해주세요. 그래도 보습이 부족한 것 같으면 물 타입의 순한 보습수로 관리해 주세요."

신생아부터 영아기까지 최고의 화장품은 바로 엄마 품이다. 인공 화장품은 최소화하고 엄마의 관심과 사랑을 듬뿍 주는 것이 신생아기부터 영아기의 피부를 건강하게 발달시키는 데 최고이자 유일한 방법이다.

피부 장벽의 기초 체력은 유아기 때 만들어진다

●● "때가 되면 좋아집니다"

많은 부모들이 소중한 내 아이를 위해 화장품을 선택하는 데 정말 오랜 시간 신중하게 생각하고 많은 고민을 하고 있다는 것을 알고 있다. 나 역시도 그랬다. 하지만 나는 고객에게 상담을 할 때나 강연을 할 때면 이렇게 이야기하곤 한다.

"아이 피부요? 때가 되면 좋아집니다."

우리 딸이 딱 그랬다. 신생아 시절부터 피부 트러블과 함께 모든 바이러스를 피부로 받아들였다. 간헐적인 아토피 증상은 말할 것도 없었다. 하지만 딱 다섯 살 이후 나는 딸의 피부 때문에 걱정해본 적이 없다. 열 살이 된 지금까지도 그렇다. 어릴 적 피부 트러블을 달고 살았던 딸의 사진과 지금의 딸의 사진을 보여주며 나는 꼭 이렇게 이야기한다.

"이쯤 하면 얼마나 저희 제품이 좋은 제품인지 아시겠죠?"라고 장난스럽게 너스레를 떨고 난 다음 더 중요한 이야기를 이어간다 "그런데 저희 딸의 피부는 화장품 때문에 좋아진 게 아닙니다. 좋아질 때가 돼서 좋아진 겁니다. 지금 생각해 보니 피부가 가장 약하고 피부 트러블이 일어났던 때는 피부가 면역력 강화를 위해 열심히 일하고 있었던 거예요."

그렇다면 아기 시절 빈번한 트러블을 일으켰던 피부가 안정을 찾는 시기는 언제일까? 면역학을 연구한 많은 학자들은 그 시기를 유아기가 끝나는 6세 전후로 이야기한다. 그리고 24개월 정도 후부터 6세 정도까지의 유아기를 면역력을 획득해 면역 기초 체력을 길러야 하는 중요한 시기로 이야기한다. 따라서 면역력 회복을 위해 아이들에게 잘 먹고 잘 자고 잘 노는 것을 권하는 것이다.

화장품을 발라서 피부 장벽을 튼튼하게 하는 것이 아니라 충분한 영양 섭취와 함께 오감이 모두 사용될 수 있는 뇌 자극 활동을 통해 뇌와 근육이 발달하고 면역 세포들이 튼튼해지면 피부 장벽은 자연스럽게 강화되는 것이다.

누구를 위해 아이 얼굴에 '광'을 내는가

상담을 하면서 느낀 점이 있는데, 몇몇 고객들은 본인의 피부에도 물광이나 윤광이 돌기를 원했던 만큼 자기 아이의 피부에서도 광이 나길 원했다. 그중 한 고객이 아이의 화장품을 구입하고 싶어 해서 나는 아이의 피부 타입에 맞춰 수분감이 많은 제품을 추천했다. 하지만 그녀는 오일이 충분히 들어간 크림 타입의 제품을 구매할 의사를 밝혔다. 아이의 피부가 건조한 편이 아니어서 굳이 크림 타입을 사용하지 않아도 된다고 말하는 나에게 그녀는 어린이집 갈 때 아이 얼굴에서 광이 나게 하고 싶다고 이야기했다.

한두 번 일시적으로 광이 나게 하기 위해 이런 제품을 선택하는 것이라면 말릴 수 없겠지만, 화장품으로 아이들 얼굴이나 피부에 광이 나게 하겠다는 생각은 아이를 위하는 마음은 아닌 것 같다. 누구를 위해 아이 얼굴에 광을 내야 하는 걸까? "우리 아이가 어린이집 갔을 때 반짝반짝 얼굴에서 광이나 보이게 하는 이 크림 꼭 구입하세요." 혹시 어느 판매자나 어느 쇼 호스트의 이런 멘트를 듣고 이게 좋다고 착각하고 있는 것은 아닐까?

아이 대상인 화장품의 대부분은 크림 타입으로 만들어져 있다. 크림 타입의 제품을 아이 피부에 사용하는 것이 문제가 되느냐고 묻는다면, 지금 문제가 되지는 않아도 아이의 피부는 스스로 보습할 수 있는 힘을 기르고 있기 때문에 화장품은 최소한의 보조 역할만 하면 된다고 말해주고 싶다. 그래서 아이가 스스로 보습할 수 있는 정도, 즉 건조함, 가려움 등의 증상을 호소하지 않는다면 나는 굳이 인위적으로 유분감이 많은 제품으로 아이의 보습력(피부에 수분을 유지하도록 도와주는 능력)이 스스로 강화되는 것을 막을 필요가 없다고 생각한다.

●● 유아기, 알레르기 유발 성분 노출을 최대한 피하라

아이의 면역력이 잘 발달되었다면 화장품으로 꾸미지 않아도 윤이 난다. 신생아기, 영아기를 지나 유아기를 통해 아이들은 일생에서 중요한 면역력을 획득한다. 면역력에 필요한 기본 체력을 획득하는 것이라고 생각하면 좋다. 그래서 알레르기 유발 환경에 노출되지 않도록 조심하라고 하는 것이다. 우리 면역력이 이겨낼 수 있도록 백신을 투여해 면역세포들이 먼저 경험하게 하고 그 후부터 비슷한 상황을 만나면 이겨낼 수 있도록 한다.

알레르기도 마찬가지다. 이겨낼 수 있을 때 노출되는 것과 이겨낼 면역력이 약할 때 노출되는 것에는 천지 차이가 있다. 그래서 면역 기초 체력이 형성되는 5~6세 유아기까지는 아이들이 알레르기 유발 성분에 노출되지 않도록 하는 것이 좋다.

면역력이 잘 획득되고 나면 그 후부터는 알레르기 유발 물질에 노출된다고 해도 이겨낼 수 있어서 엄마들의 고민도 더 줄어들기 때문에 유익한 점이 많다. 유행병이나 질병에서 자유로운 것은 두말할 나위가 없다.

화장품으로 피부 장벽을 강하게 한다는 것은 자본주의가 만들어낸 허상이다. 아이의 면역력이 곧 아이 피부 장벽의 강화 능력과도 같다. 유아기 아이에게 스스로 보습할 수 있는 면역 기초 체력을 만들어주는 것이 피부 장벽을 강하게 만들어주는 것이다.

●● 면역의 기초 체력을 강화시키는 세 가지 방법

유아기 아이들이 면역 기초 체력을 강화시키는 데 필요한 것은 무엇일까?

첫째, 신생아기부터 시작했던 주 양육자와의 긍정적 스트로크, 즉 스킨십이다. 아이와 많이 눈 맞춰주고 안아주고 사랑을 표현해주는 것이다.

둘째, 아이의 체험 활동을 통한 뇌 자극 활동이다. 조기 교육을 하라는 뜻이 아니라 아이가 안전한 바깥 환경에서 많이 놀아야 한다는 뜻이다.

셋째, 알레르기 유발 환경에 노출되지 않도록 주 양육자가 세심한 관심을 기울이는 것이다. 화장품은 그 다음이다.

유아기 아이들이 화장품을 고를 때 보습력이 좋은 화장품은 오히려 아이들의 피부 장벽이 강화되는 데 도움이 되지 않는다. 나는 안 바를 수 있다면 안 바르는 것도 괜찮다고 생각한다. 우리 딸의 경우에는 다섯 살 이후부터 몸에 화장품을 잘 바르지 않는다. 겨울철에 너무 춥거나 건조할 때 혹은 장시간 목욕 후 일시적 수분 손실로 건조함을 느낄 때만 화장품을 조금 발라준다. 반면에 얼굴에는 꼭 바르고 나가도록 했다. 옷으로 몸의 피부를 보호할 수 있지만, 얼굴의 피부를 보호하는 것은 없기 때문에 로션으로 얼굴의 피부에 보호막을 입히는 것이다.

화장품을 바를 때 보습력이 강한 제품을 기준으로 바르라고 한 적은 없다. 나는 오히려 보습력이 최소화되어 있는 겔 타입의 제품을 바르게 한다. 그래서 내 딸은 겨울에도 얼굴에 알로에 수딩 겔을 바른다. 하지만 건조함을 전혀 느끼지 않는다. 그만큼 피부가 보습력을 유지할 수 있게 일하고 있는 것이다.

물론 모든 아이들이 다 우리 딸처럼 겔 타입의 제품만으로 보습이 충분하지 않을 수 있다. 그래서 나는 아이들의 보습 능력에 따라 그날그날 환경에 따라 유수분 밸런스를 체크해 화장품 바르기를 추천한다.

유분감이 많은 아이들은 가벼운 미스트도 괜찮고 물이 많은 에센스 타입도 좋다. 자사의 알로에 에센스 로션이나 수딩 겔도 괜찮다. 고보습 화장품이 아닌 내 아이에 맞는 보습제를 선택하는 것이 중요하다. 특히 건조함을 느끼지 않는 건강한 피부의 아이들에게는 인위적 보습 성분이 많은 제품보다 자연 유래 성분이 많은 제품을 추천한다.

5, 6세 이후에도 잦은 아토피나 건조함으로 불편을 호소하는 아이들의 공통적 특성 중 어릴 적부터 고보습 화장품으로 관리했다는 점이 있었고 유전적인 비염 등의 알레르기 증상이 있는 경우가 있었던 것으로 미뤄볼 때, 유아기에는 알레르기 유발 환경을 피하고 고보습보다는 자연 유래 성분을 이용한 보습제로 보습을 관리하는 것을 추천한다. 5~6세까지 알레르기 유발 환경이 잘 관리되고 면역력이 잘 발달된 아이들은 화장품으로 꾸미지 않아도 얼굴에 자연광이 돈다. 이것은 어른들도 마찬가지다.

면역력이 잘 획득되고 나면 보습력에 상관없이 가벼운 제품만으로도 피부를 관리할 수 있다. 유아기에는 다양한 환경에서의 체험과 경험을 통해 면역력을 획득하는 것이 관건이다. 15~24개월 이후부터 6세까지 피부 관리를 잘 해놓으면 이후의 피부도 편안할 수 있다.

●● 아이의 피부는 자라는 중이다

유아기 아이들의 피부는 아직 제 역할을 하기에 역부족이다. 각질층도 얇고 피부층의 수분 함유량을 조절하는 능력이 떨어진다. 그래서 피부가 쉽게 건조해지기도 하고 습진이 쉽게 발생하기도 한다. 외부 자극에도 취약해

세균 감염에도 약하고 피부 보호막도 약하다. 하지만 아이들의 피부가 평생 이런 상태를 보이는 것은 아니다. 이는 모두 피부가 제대로 된 역할을 하기 위해 배우고 경험하는 과정인 것이다. 이렇듯 아이들의 피부가 약하니 유아용 화장품에는 피부 장벽을 보호하는 성분이 포함되기도 한다. 하지만 피부 장벽을 보호하는 판테놀, 세라마이드 등의 유효 성분들이 화장품에 사용되는 양은 극히 적으며 함유량이 많다고 아이 피부에 무조건 좋은 것도 아니다. 아이 피부는 스스로 장벽을 강화하려고 성장하고 있는데, 강력한 보습 성분으로 아기의 피부가 자라는 것을 방해할 필요는 없다고 생각한다. 이러한 피부 장벽을 화장품으로 강화시키겠다고 생각했다면 그것은 오히려 피부가 제 기능을 하기 위해 발달하는 것을 방해하는 행위와도 같다.

스스로 강해질 수 있는 좋은 환경을 제공하고 기다리면 아이들의 피부는 자연스럽게 발달한다. 아이들의 피부도 자라고 있다. 상황에 따라 피부 상태가 좋지 않아 화장품의 도움을 받아서 보습해야 하는 경우가 아닌 다음에야 최소한의 화학 성분만 들어간 천연 화장품으로 피부가 자연스럽게 발달되어 제 역할을 할 수 있도록 하는 것이 유아기 피부 관리에 꼭 필요하다.

청소년기 피부 관리의 핵심은 유분 관리다

●● 사춘기 아이들과 함께한 여드름 프로젝트

2020년 4월 그간 연구했던 시카 크림의 출시를 앞두고 청소년기 아이들을 대상으로 '사춘기 트러블 피부 잠재우기 프로젝트'를 실시했다. 좁쌀 여드름이 나기 시작하는 청소년 10여 명을 대상으로 시카 크림을 나눠주고 한 달간 사용하게 한 후에 결과를 보는 프로젝트였다. 한 달의 체험 결과 놀라운 경험을 했다.

'사춘기 트러블 피부 잠재우기'에 참여한 연령대는 사춘기 초입인 초등학교 고학년부터 사춘기 말(?)인 고등학생까지 참여했고, 아토피 케어를 위해 진행했던 '토닥토닥 아토케어' 프로젝트와 마찬가지로 피부 트러블에 직접적인 영향을 줄 수 있는 음식이나 외부 환경을 차단하는 방법도 동시에 진행했다.

'사춘기 트러블 피부 잠재우기'를 참여하는 학생들의 부모님에게 식단 조절을 병행할것을 특별히 부탁드렸는데 기름진 음식 뿐만 아니라 고탄수화물 음식의 절제가 필요했다. 이에 대해 센터원지앤이 피부과 류소민 원장은 여드름과 지방이 많은 음식보다 오히려 혈당지수(Glycemic Index)가 높은 즉, 고탄수화물이거나 달달한 음식의 상관관계가 있다고 이야기 한다.

앞에서 말했듯이 기간은 한 달 정도로 잡았고, 아이들을 모집할 때는 여드름 증상이 시작된 지 얼마 안 된(좁쌀 여드름) 학생들만 이 프로젝트에 참여할 수 있도록 조건을 달았다. 이미 여드름 증상이 악화된 학생들의 경우 한 달의 프로젝트 기간에 피부가 좋아지기 다소 어려울 수 있어서 한 달 동안 충분한 효과를 볼 수 있는 정도의 좁쌀 여드름이 시작된 학생들과 함께 이 프로젝트를 진행했다.

한 달간의 프로젝트 실행 결과는 나의 예상처럼 거의 모든 학생들의 좁쌀 여드름이 해소되었고 부모님들은 우리 시카 크림이 여드름 특허 치료제인 양 신기해하고 좋아했다. 하지만 나는 시카 크림의 역할보다 음식 조절이 좁쌀 여드름을 관리하는 데 더 큰 영향을 줬다고 설명했다.

●● 피지량 조절과 고음의 항염 효과가 여드름을 없애다

청소년기를 맞이하는 아이들은 급격한 신체적, 생리적 변화가 일어나면서 성장한다. 그러면서 인간으로서 수행할 수 있는 기능을 갖춘 성인기를 맞이할 준비를 한다. 청소년기 아이들을 양육해본 부모라면 잘 알고 있을 것이다. 청소년기 아이들이 성장하며 겪는 신체적, 생리적 변화는 아이들마다 차이가 있지만 아이를 너그러운 마음으로 이해해야 할 일들이 많이 일어나기도 한다.

많은 신체적, 생리적 변화 중 유아기부터 서서히 일어났던 호르몬 변화가 본격화되며 청소년기에는 호르몬 수치가 높아지는 동시에 피지선의 크기와 양도 증가하게 되며 모공을 막는 결과에까지 이를 수 있다. 이러한 과정에서 피지량의 증가로 인해 좁쌀 여드름이 스멀스멀 고개를 들게 되는 것이다.

나는 그 초기에 여드름을 관리하면 청소년기에도 여드름으로 마음고생 하지 않아도 된다는 생각에서 이 프로젝트를 계획했다. 나의 생각은 역시 적중했다. 청소년기에는 피지 분비량이 폭발적으로 증가할 수 있어서 그만큼 음식에서 피지량이 늘어나지 않도록 조절하는 것이 유효했고, 시카 크림의 원료인 고욤이 지닌 자연적 항염 및 소염 효과가 초기 여드름을 관리하는 데 탁월한 효과를 발휘했기 때문이다.

●● '난 왜 여드름이 안 없어지지?'

모든 학생이 초기 여드름을 관리할 수 있었던 것은 아니었다. 한 고등학생의 경우에는 피부의 여드름이 그대로 진행되었다. 조금 나아지기는 했지만 다른 학생들처럼 눈에 띄게 좋아지지는 않았다. 나는 그 학생의 부모님과 상담을 시도했지만 상담이 잘 이루어지지 않았고, 그 부모님의 지인에게 의미 있는 이야기를 듣게 되었다. 여드름 케어가 잘 되지 않았던 남자 고등학생이 극심한 사춘기 반항을 보이며 식단 관리 약속을 제대로 지키지 않았다는 것이다. 그 아이는 매일 야식을 먹을 만큼 덩치가 큰 남학생이어서 부모님도 음식 조절의 어려움을 호소했다는 이야기를 듣게 된 것이다.

'사춘기 트러블 피부 잠재우기' 프로젝트에서는 단 한 참가자의 사연이었지만, 어쩌면 많은 청소년들이 늘 기름지고 자극적인 음식 등에 많이 노출되어 있어서 여드름과 기름진 음식 간의 명확한 상관관계를 인지하지 못하고 있다는 생각을 했다. 또는 인지하더라도 패스트푸드, 편의점 음식 등의 기름진 음식을 먹는 것으로 즐거움을 느끼는 청소년이라면 여드름 문제에서 자유롭지 못할 가능성이 큰 것 같다.

덧붙인다면 기름진 음식뿐 아니라 우리가 빈번하게 먹는 아이스크림, 초코우유 등의 당이 많이 들어간 유제품 같은 혈당수치를 높이는 식품들도 여드름 유발 가능성이 크다는 연구 결과는 익히 알려져 있다. 아직 여드름이 발생하지 않았다 하더라도 청소년기에는 피지량이 폭발적으로 증가한다는 사실을 인지하고 식품에 대한 주의를 기울인다면 여드름 없는 청소년기 피부를 맞이할 수 있을 것이다.

●● 여드름 피부는 유분감이 적은 화장품으로 관리한다

식품에 대한 관리가 잘 이루어진다면 그다음이 화장품을 이용한 관리이다. 나와 친한 고객분들께서 본인 및 지인의 여드름 관리를 문의하면 나는 철저히 유분을 피할 것을 당부한다. 그 어떤 피부 타입보다 화장품 다이어트가 필요한 피부 타입이 바로 청소년기의 여드름 피부이다. 청소년기에는 영아기 때와 마찬가지로 유분감이 적은 제품을 사용하도록 당부한다. 주로 미스트로 관리하게 하거나 유화되지 않은 겔 타입의 제품으로 관리하도록 추천한다. 하지만 시중에 나와 있는 청소년 타깃용 화장품들은 화장품 다이어트를 통한 유분 관리가 아니라 직접적으로 피부 표면의 피지를 관리하는 것을 목표로 한다.

쉽게 설명하자면 유분감이 많은 피부인 경우 화장품에 계면활성제를 많이 넣거나 산 성분을 넣어서 유분감이 일시적으로 없어지는 것처럼 느끼게 한다. 하지만 이는 피부에는 아주 많은 손상을 주는 행위이다. 피부에 필요한 각질층을 인위적으로 지속적으로 떼어내는 행위이기 때문이다. 이뿐만이 아니라 자연 친화적인 작용이 아닌 알코올 성분을 이용해 항균 소염을 하도록 한다. 여드름 화장품에 알코올 성분이 들어가거나 피부에 발랐을 때 피부가 마르는 느낌이 드는 화장품인 경우 알코올이나 산 성분 때문일 가능성이 있다.

●● 여드름 피부 관리의 최후의 보루, 자연 발효의 산 성분

제주도에 사는 한 고객이 남자아이의 여드름 트러블을 문의했을 때 나는 알로에 발효 세럼을 추천했다. 알로에 발효 세럼은 알코올이나 화학적 산 성분으로 만든 것이 아니라 자연 발효로 만들어진 산 성분이 강한 세럼이다. 향은 식초 냄새에 가깝다. 절대 대중적이지 않은 제품이지만 그래도 여드름이 진행되어 알칼리화된 피부에 즉각적인 효과를 줄 수 있어서 이 제품을 보내드렸다.

이 제품은 아토피나 여드름이 너무 악화되었을 경우 어쩔 수 없이 권하는 '최후의 보루'라고 할 수 있다. 일종의 '필살기' 같은 제품이다. 여드름으로 고생하는 청소년기 아이들에게 꼭 이렇게 물어보기를 추천한다. "치킨 먹을래? 알로에 발효 세럼 바를래?"

20대가 피부에는 가장 혹독한 때다

●● 화장품이 꿀다운 피부를 만들지 않는다

폭풍 같은 청소년기가 지나고 나면 성인기가 찾아온다. 성인기란 발달에 맞춰 신체적, 정신적, 사회적으로 성숙한 시기를 일컫는 말로 20대부터 성인기 초기가 시작된다고 생각하면 된다. 신체적, 정신적, 사회적으로 성숙한 만큼 피부도 제 역할을 제대로 해서 무엇을 해도 피부가 더욱 빛나는 시기다.

청소년기에 피부 관리를 제대로 하지 못했다면, 20대 시기에 아직도 피부 트러블, 건조함 등의 불편을 겪을 것이다. 마찬가지로 이런 경우에도 면역 체계의 문제로 인한 트러블이거나 혹은 스트레스로 인한 트러블일 가능성이 있다. 이럴 때 피부를 가리기 위해 많은 메이크업 제품들을 사용해 피부를 망치는 습관을 만들 수 있다.

피부에 트러블이 생겼을 때 화장으로 가려서 해결하려는 생각은 버리는 것이 좋다. 또 아무것도 하지 않아도 충분히 빛날 피부에 너무 많은 화장품으로 피부를 힘들게 하고 있지는 않은지 꼭 생각해봐야 한다. 꽃다운 20~30대를 활짝 핀 꽃처럼 아름다운 피부로 유지하는 데 생각보다 화장품의 역할은 적다.

●● 성인기 피부 관리 기초는 이로운 생활 습관이다

성인기 초기부터 시작해야 할 피부 관리는 피부 노화를 지연시키는, 피부에 이로운 생활 습관뿐이다. 피부에 이로운 생활 습관은 앞에서도 많이 강조했다. 적당한 수면, 적당한 운동, 균형 잡힌 식단이다. 물론 이 시기에는 피부를 망치는 생활 습관으로 하루를 보낸다 해도 당장 피부에 어떤 문제가 생기지는 않는다. 그 시기에는 젊음을 유지하는 호르몬이 충분해서 20~30대의 피부를 아름다워 보이도록 만들기 때문이다.

성인기 초기부터 피부 관리를 위한 생활 습관을 잘 지킨다면 중년에 찾아오는 호르몬 변화에도 30대처럼 보이는 40~50대를 맞이할 수 있다. 앞에서도 계속 얘기했지만 피부에 윤이 나는 연예인들이나 인플루언서들은 그들이 광고하는 화장품을 발라서 좋은 피부를 유지하는 것이 아니다. 기본적으로 피부 관리를 위한 생활 습관을 잘 유지하고 지키고 있다는 것을 꼭 잊어서는 안 된다.

●● 내 피부가 가장 불편했던 날은 결혼식 날이다

지금껏 내가 살면서 가장 피부가 불편하다고 느꼈던 때는 결혼식 날이었던 것 같다. 아름다운 신부가 되기 위해 메이크업을 잔뜩 했던 그날 하루 종일 피부가 너무 답답했던 느낌이 아직도 생생하다. 그날 신혼여행을 떠나기 전에 메이크업을 지우고 비행기를 탔어야 했는데, 비행기 시간에 맞추느라 이것저것 신경 쓰느라, 그리고 애써 했던 메이크업을 지우는 것이 아까워서(?) 신부 화장을 그대로 한 채 비행기를 탄 나는 그 후 며칠 간 피부 트러블에 시달렸다. 피부 여기저기에 울긋불긋 여드름이 올라왔고 가려웠다.

피부를 가리는 메이크업 제품은 과하게 바르고 제대로 클렌징을 하지 않으면 모공을 막아 피부에 트러블을 유발할 가능성이 매우 높다. 특히 여드름이나 피부 트러블을 메이크업 제품으로 가리기 시작한다면 트러블을 개선하기는 어렵다. 가끔 여드름이 잔뜩 난 피부에 메이크업 컨실러 등을 이용해 감쪽같이 가려놓은 메이크업 제품의 광고를 보며 제발 여드름이 진짜 많이 나는 사람은 이 제품을 사지 않기를 간절히 바란 적도 있었다. 가리려고 할수록 꿀피부와는 멀어지게 된다.

●● 피부에 이로운 화장품 미니멀리즘

면역 체계가 잘 발달된 성인기 초기라면 피지 분비량도 적당하고 호르몬 활동도 왕성하기 때문에 화장품을 미니멀하게 사용하는 것이 피부에 이롭다. 나는 성인기가 되어 경제 활동을 시작했거나 진행 중인 모든 사람들에게 화장품에 투자하는 돈을 아껴 좋은 음식을 먹거나 자기계발에 투자하라고 이야기하고 싶다. 이름하여 '화장품 미니멀리즘'이다.

'투 머치(Too Much)'는 무엇이든 문제가 될 수 있다. 자본주의 사회에서는 화장품을 팔고 싶은 사람들이 아주 많다. 화장품 회사의 모든 광고를 다 믿고 화장품을 구입해 다 바른다고 해서 피부가 좋아지는 것은 절대 아니다. 오히려 면역력이 저하되었을 때 과도한 화학 성분은 문제가 될 수 있다.

메이크업 제품은 최소한으로 하는 것을 추천하고 싶다. 사실 피부 관리가 잘 되어 있는 사람들은 선크림 하나만 발라도 좋다. 피치 못하게 메이크업을 매일 해야 한다면 클렌징이 정말 중요하다. 메이크업 제품들이 모공을 막을 위험이 있기 때문이다. 메이크업을 매일 해야 하는 경우에는 피부 트러블이 생기면 메이크업을 하지 말고 피부를 쉬게 해주는 것이 좋다.

성인기 초기의 피부는 유분감이 적고 수분감이 많은 제품으로만 관리해도 충분하다. 예를 들면 메이크업을 하는 경우 유분감이 있는 보습 제품으로 피부에 보습층을 만든 후에 메이크업 제품을 바르면 된다. 이것저것 많이 바를 필요가 없다. 당장 오늘부터 실천해도 좋다. 지금껏 메이크업 전에 발랐던 다른 제품들을 바르지 않고 크림 하나에 메이크업을 시작해도 피부에는 아무 일도 일어나지 않는다.

클렌징할 때도 이중 세안을 위해 많은 제품을 사용할 필요가 없다. 깨끗이 지워내는 것에 집중하는 동안 우리 피부를 지키고 있던 각질층이 약해질 수 있다는 것도 인지해야 한다. 그렇다. 클렌징은 동전의 양면 같은 것이다. 그래서 나는 가볍게 바르고 클렌징을 할 수 있는 정도의 메이크업을 추천하고 싶다.

딥클렌징 제품을 과하게 장기간 사용하면 피부의 각질층이 약해질 수 있다. 나의 경우에는 메이크업이 필요한 날에는 우리 회사의 모이스처 크림을 바르고 선크림을 바른 후 컨실러를 약간 칠한다. 지울 때도 우리 회사 모이스처 크림으로 클렌징을 한 후 샴푸 앤 보디워시로 씻어낸다. 지금껏 화장품 회사의 광고에 많이 노출된 사람이라면 내 방법에 경악을 금치 못할 수도 있겠지만, 사실 화장품 성분으로 본다면 나와 같은 클렌징이 가능하다.(이 방법은 내가 우리 회사의 제품을 기획하고 개발해서 가능한 일일 수도 있다. 세정력이 매우 강한 알칼리성의 샴푸로 나처럼 클렌징을 해서는 절대 안 된다. 딥클렌징을 하는 것과 같이 피부 각질층이 많이 약해질 수 있다.)

유화된 크림은 클렌징 기능을 할 수 있다. 그리고 우리 회사 제품은 샴푸 앤 보디워시이지만 pH 5.5의 약산성 제품이고 천연 계열의 계면활성제를 이용했기 때문에 동일하게 가능한 일이다. 아이가 선크림을 발랐을 때도 나는 동일하게 같은 제품을 소량 사용해 클렌징을 해준다.

●● 수분은 절대 양보하지 말자

피부를 지키는 생활 습관은 생각보다 어렵지 않다. 아니 매우 쉽다. 휴대폰에서 멀어지면 된다. 휴대폰에서 나오는 쏟아지는 광고성 정보에서 잠깐 눈을 돌리면 된다. 그리고 실제로 휴대폰 사용으로 피부의 수분이 손실되기도 한다. 휴대폰뿐만 아니라 모든 전자기기를 사용할 때 피부의 수분이 손실될 수 있다. 예를 들어 스마트폰을 비롯해 히터, 에어컨, 공기청정기, 제습기 등을 주의하면 좋다.

모든 전자제품은 과하게 사용하게 되면 실내가 건조해지고 피부는 건조한 피부를 지키기 위해 예민하게 반응할 수 있다. 이로 인해 피부 속 수분을 빼앗기고 피부 밸런스가 무너지는 일이 생길 수 있다. 나 역시도 20대부터 차에서는 히터를 되도록 켜지 않으려 노력하고 있다. 성인기 초기인 20~30대에 피부를 지키는 생활 습관을 잘 실천한다면 중년기에 접어들었을 때도 아름다운 피부를 더 오래 유지할 수 있다.

중년 여성의 피부는 호르몬과 동행한다

● ● '만 보 걷기' 레이저와 '잠' 세럼

경상남도 진주에서 열린 생산자 간담회에 참석했을 때의 일이다. 간담회를 마치고 조합원들과 잠시 티타임을 가지는 시간에 50대라는 나이가 믿기지 않을 정도로 젊은 인상의 조합원을 만났다. 처음 그분과 대화를 할 때 나는 30대 후반이나 40대 초반 정도로 생각하며 대화를 나눴는데, 이야기를 하다 보니 스무 살이 넘은 딸이 있다고 했다. 너무 놀라 나이를 여쭤보니 올해로 50세가 되었다고 했다.

나는 무엇보다 그 조합원의 동안 비결이 궁금했다. 어떤 화장품을 사용하는지는 궁금하지 않았다. 나는 그녀의 평상시 생활 습관이 궁금했다.

"대표님이 얘기하는 것 다 실천하고 있죠. 잠 많이 자고 하루 만 보 이상 걸어요. 사실은 작년 생산자 간담회에도 참석해서 강연을 들었는데 '만 보 걷기' 레이저 시술과 '잠' 세럼 이야기에 너무 공감되어서 들으면서 저 혼자 많이 웃었답니다."

●● 여성호르몬, 자조적으로 관리하자

동안의 조합원이 이야기한 것처럼 나는 중년 여성의 피부 관리에 꼭 필요한 것이 있다고 강조하며, '만 보 레이저'와 '잠 세럼' 이야기를 하곤 한다. 이 말을 그냥 붙인 것이 아니다. 중년 피부에 주름이 생기거나 피부 탄력이 저하되는 것은 세월의 변화에 따른 자연적인 현상이지만 그 이면에 호르몬 수치의 변화가 있다는 것을 알아야 한다.

여성은 중년에 접어들면 피부를 아름답게 해주고 여성의 외모를 돋보이게 해주는 에스트로겐, 프로게스테론 등의 대표적인 여성 호르몬 수치가 저하되고 피부도 같이 변화를 맞이한다. 이 호르몬 변화에 대처할 수 있는 가장 쉽고 확실한 방법은 호르몬을 자조(自助: 스스로 애써서 발전함)적으로 관리하는 것이다. 또 이렇게 관리한다면 호르몬 수치를 변화시켜 아름다운 모습을 더욱 오래 지속할 수 있다.

이런 호르몬들이 자조적으로 생성되어 수치를 유지할 수 있도록 응원하고 도와주는 세포들이 바로 잠잘 때 많이 생성되는 성장 호르몬 세포인 소마트로핀이고, 이렇게 잠을 잘 잘 수 있도록 도와주는 호르몬이 멜라토닌 호르몬이다. 멜라토닌 호르몬은 멜라닌 색소 생성을 조율해줘서 밤에 잠을 잘 자면 색소 침착도 관리할 수 있다.

호르몬 이야기들이 다소 생소하고 어렵다면 이것만 생각하면 된다. '만 보 레이저'와 '잠 세럼'. 꼭 만 보가 아니어도 좋다. 사람에 따라 다르지만 만 보를 걸으려면 1시간에서 2시간까지 시간이 소요되는데, 시간이 부족한 경우에는 하루 5천 보라도 햇빛을 쏘이며 걷는 것이 좋다.

이때 자외선 차단제를 바를 것이냐 말 것이냐에 대한 부분은 의사들 사이에서도 각 분야별로 논란이 있다. 예를 들어 독일의 가정의학과 의사인 요하네스 뷔머(Johannes Wimmer)는 저서 《호르몬과 건강의 비밀》(배명자 역, 현대지성, 2020)에서 햇빛을 20분 정도 쏘이고 난 후 자외선 차단제를 바르라고 한다. 햇빛을 아예 차단하는 것은 비타민D 생성을 저하시켜 오히려 다른 암을 유발할 수 있다는 이유다. 반면에 《피부는 인생이다》의 저자 몬티 라이먼은 외출 30분 전부터 자외선 차단제를 발라 자외선을 차단할 것을 권한다.

나는 개인적으로 자외선에 장기간 노출되었을 때 피부에 안 좋은 영향이 있는 것은 사실이지만, 자외선 차단에 집착할 필요는 없다고 생각한다. 피부암이 오직 자외선의 문제만으로 생기는 것은 아니기 때문이다. 나는 세상의 모든 암이나 병은 면역력이 높다면 이겨낼 수 있다고 생각한다. 그래서 나는 '만 보 레이저'와 '잠 세럼'의 호르몬 자조 프로그램으로 중년 여성의 노화를 지연하고 미모를 유지할 것을 권유한다.

●● 운동 후의 변화를 경험하자

호르몬이 중년 여성의 피부에 미치는 영향을 이야기하면, 먹는 호르몬제를 먼저 생각하는 사람도 있을 것이다. 일단 먹는 호르몬제 문제는 의사와 상의하길 권한다. 《호르몬과 건강의 비밀》의 저자인 요하네스 뷔머는 먹는 호르몬보다는 운동, 음식 조절, 충분한 수면을 통해 호르몬 생성을 촉진할 것을 강조하는데, 나 또한 동일하게 생각한다. 인위적으로 투여된 호르몬이 너무 과할 경우 오히려 다른 부작용이 나타날 수 있기 때문이다.

화장품도 이와 비슷하다. 값비싼 세럼을 바른 후, 혹은 피부에 좋다는 비타민 성분이 듬뿍 들어간 화장품을 바른 후에 일시적으로 피부에 효과가 나타날 수도 있다. 하지만 피부에 좋다는 영양 성분도 일정량 이상 피부에 투여했을 때 오히려 피부에서 거부하는 부작용이 생길 수 있다. 그래서 나는 안전하게 자연적인 자조 프로그램과 식물성 성분이 많이 들어간 화장품을 선호하며, 고객들에게도 그렇게 추천한다.

가끔 사람들은 화장품을 구입하고 난 후 자신의 피부에 일어난 변화를 눈여겨보기도 한다. 물론 판매자의 좋다는 말만 듣고 피부의 변화에 관심을 가지지 않는 사람도 있다. 오늘 이 글을 읽는다면 운동하고 난 후 내 피부에 일어나는 변화를 직접 눈으로 보며 경험해 보기를 추천하고 싶다. 만 보 레이저를 하고 난 후 내 눈가 주름에 일어난 변화를 직접 확인해 보라고 추천하고 싶다.

노년기, 보습제가 빛을 발하는 시기다

●● 신체와 정서가 모두 큰 변화를 맞이하는 시기

인간의 생애에 걸쳐 가장 화려하고 활발하게 활동하는 성인기가 지나고 나면 노년기가 기다리고 있다. 나이로는 65세 전후를 시작으로 노년기로 볼 수 있다. 이 시기에는 전반적으로 신체의 기능이 축소되고 감소된다. 체형 변화와 함께 피부 지방이 눈에 띄게 감소되며 흰머리가 머리의 전체를 덮게 되기도 한다. 체모 감소와 더불어 피부는 건조해지고 주름은 깊어진다. 중년부터 신경 쓰이기 시작했던 나이 반점들이 두드러지게 보이는 시기도 바로 이즈음이다.

노년기에는 이처럼 신체 변화가 전반적으로 전신에 걸쳐 일어난다. 이러한 신체 변화에 맞춰 사회 활동이 축소되면서 정서적인 변화도 나타나게 된다. 자신감이 결여되면서 불안감을 크게 느끼거나 두려움, 분노, 후회에 휩싸이기도 하며, 남은 인생을 부정적으로 생각할 수도 있다. 반면 활동 반경은 좁아지고 정적으로 변한다. 이것이 노년기에 맞이하는 전형적인 신체적, 정신적 변화이며 노년기를 바라보는 전형적인 관점이다.

다만, 여기서 꼭 한번 짚고 넘어가야 할 것이 있다. 이러한 변화의 양상은 어디까지나 평균적인 변화일 뿐 개인별로는 차이가 크다는 사실이다. 올해 90세인 미국의 카르멘 델로레피체(Carmen Dell'Orefice)는 80대에 패션업계 최고령 모델로 이름을 알렸다. 100세를 넘기고도 정정하게 강연 활동을 펼치고 있는 김형석 교수 역시 최고령 수필가이자 철학자로 아직도 활동을 이어가고 있다. 한마디로 전 생애에 걸쳐 자신의 건강을 어떻게 관리했는지 정서적 안녕을 얼마나 추구하며 살았는지에 따라 노년기를 '후회'와 '절망'이 아닌 '자아통합'과 '희망'의 시기로 보낼 수 있다는 것이다. 이는 교육심리학자 에릭 에릭슨(Erik Erikson)이 인간발달 이론 중 노년기에 일어나는 현상으로 표현했던 것으로, 지난 삶에 대한 긍정적, 낙관적 인식을 통해 과거를 수용하고 한계를 인정하고 그 안에서 의미를 찾으며 진정한 의미에서의 통합감을 느끼고 이해할 수 있어야 절망에 빠지지 않는다.

노년의 피부는 개인의 인생사를 반영한다

노년기 피부 건강도 마찬가지다. 전 생애에 걸쳐 자신이 어떻게 관리하느냐에 따라 노년기에도 건강한 피부를 유지할 수 있다. 어려운 일이 아니니다. 계속 강조했던 양질의 수면, 적당한 운동, 균형 잡힌 식단을 평생 지켜온 사람이라면 걱정 없이 노년기 피부도 건강하게 유지할 수 있다.

그리고 노년기를 맞이할 정도로 건강한 사람이라면 아마 앞에서 이야기한 건강 습관을 잘 지키는 사람이었을 것이라고 추측해 본다. 다시 말해 노년기의 정서, 신체, 피부 건강은 어렸을 때부터 노년이 되기까지 어떻게 살아왔는지를 모두 말해주는 바로미터가 된다는 이야기다.

노년기 피부 관리, 속피부의 수분을 채워라

노년기에도 건강한 사람은 피부가 매끄럽고 윤기가 있다. 그 비법은 바로 속피부에 있다. 우리는 속피부가 '건조하다', '속피부가 건성이다'라는 말을 하는데, 여기서 속피부란 피부 표면이 아닌 우리 피부를 구성하는 피부 세포의 수분감을 이야기하는 것이다. 피부를 구성하는 피부 세포들이 수분을 흡수해서 속피부를 촉촉하게 유지시키는 것이다. 그것이 피부 본연의 보습 능력인 것이다.

노년기가 되면 신체의 노화로 인해 보습력이 떨어지고 속피부도 많이 건조해진다. 이때 필요한 것이 몸을 따뜻하게 하고 적당히 땀을 흘려 피부 세포에 물을 채워주는 것이다. 애석하게도 물을 마신다고 해서 피부 세포에 수분이 채워지지는 않는다. 몸 안의 땀을 통해서만 물이 채워진다. 그래서 노년기에는 적당히 땀이 날 수 있는 운동이 더 절실하다. 운동이 정말 어렵다면 몸에서 땀이 날 정도의 반신욕도 좋다.

물론 양질의 수면과 균형 잡힌 식단은 그냥 세트 개념으로 생각하면 된다. 운동으로 속피부를 촉촉하게 채웠더라도 피부의 수분 유지력이 떨어지는 것은 어쩔 수 없다. 이제 보습제가 빛을 발할 시기다. 유분감이 충분한 보습제로 피부의 보습력을 높여주자. 지금껏 유분감이 많은 화장품을 지양할 것을 이야기했지만, 노년기에는 유분감이 많은 제품을 지향해도 좋다. 이것저것 많이 바르라는 것이 아니다. 나의 피부에 잘 맞는 유분감 있는 보습 크림 하나면 된다. 그 외에 주름이나 미백 등의 다른 기능성 제품들은 개인의 취향이자 마음의 안정을 위한 도구이니 자신의 스타일대로 선택하면 된다.

●● 긍정적인 마음과 스킨십은 여전히 유효하다

노년기에 피부를 건강하게 만들어주는 것은 긍정적인 마인드와 스킨십이다. 에릭슨은 이 시기를 '자아통합감 vs 절망감의 시기'라고 했다. 노년기를 맞는 사람들의 마음은 여러 가지 감정으로 가득 차 있다. 노년기에는 과거에 대한 후회보다는 그냥 현재를 사는 것이 피부 건강에 좋다. 즉, 오늘을 행복하게 사는 것이다. 사람들을 만나고 산책을 하고 애정을 줄 수 있는 것에 애정을 주며 자연적으로 생기는 호르몬이 줄어든 만큼 활동과 경험을 통해 호르몬 생성을 높여 오늘을 기분 좋게 행복하게 사는 것이다.

노년기에 접어든 가족이 있는 경우 관심을 더 많이 보여주고 특히 스킨십이 잘 이루어지도록 해보는 것도 좋은 방법이다. 우리는 분명 부모(주 양육자)의 스킨십으로 커오고 성장했다. 이제 부모님께 스킨십을 돌려드릴 차례다.

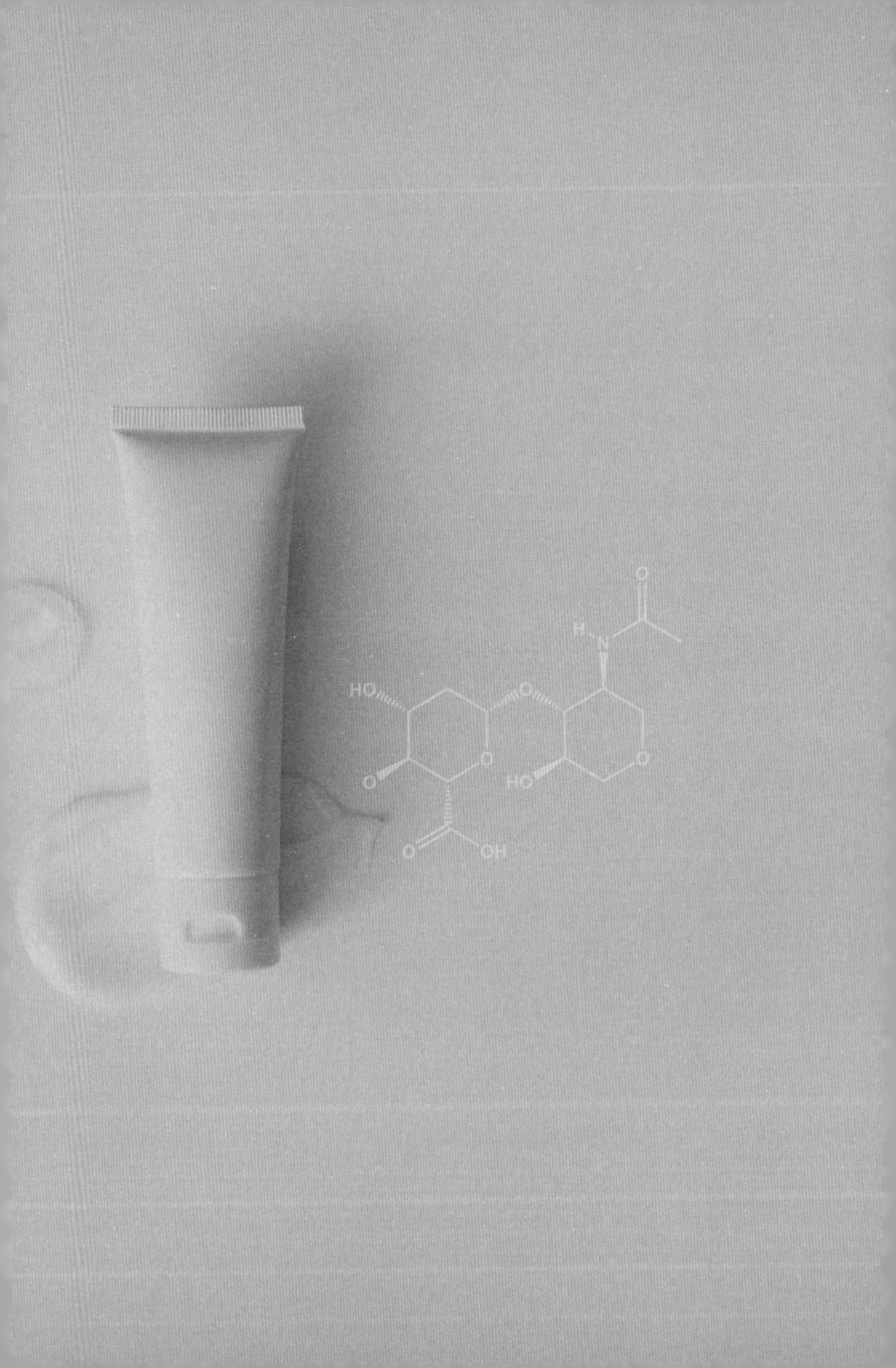

5장

자연재생,
자기 치유의 힘으로
되찾은 피부 건강

신생아 태열은 시원하게 해주면 낫는다

●● '우리 아기 꿀피부 만들기 프로젝트'

2015년에 마더스프를 런칭하고 많은 소통을 했던 고객들은 단연 '맘' 님들이었다. 피부가 약했던 딸과 함께 바르기 위해 제품을 연구하고 출시했던 나의 진정한 마음이 통했던 것일까. 옆에서 같이 이 모든 것을 지켜본 '찐' 고객들에게 신뢰가 쌓였는지, 첫아이의 첫 화장품도 마더스프로 선택한 고객들이 둘째, 셋째가 태어났을 때도 마더스프를 많이 선택했다.

화장품은 같은 브랜드로 선택했지만 아이들의 피부는 다 달랐다. 나는 되도록 화장품을 추천하기 전에 아이의 피부 상태에 대한 상담을 하고 난 후 제품을 추천했다. 그때 블로그를 운영했는데,

아예 아이 피부 상담 전문 카테고리 '우리 아기 꿀피부 만들기 프로젝트'를 만들어 많은 엄마들과 소통했고, 상담을 통해 아이들의 피부 관리에 도움을 주려고 노력했다.

그때 아이의 '태열'에 대해 많이 힘들어 하며 상담했던 고객이 있었다. 그녀는 둘째 아이를 출산하고 양육하는 과정에서 첫째 아이 때는 느끼지 못했던 둘째 아이의 피부 상태에 고민이 많았다. 그녀의 아이는 태열기가 다른 아이들에 비해 많았다. 특히 그녀가 보낸 사진에서 아이의 얼굴은 붉어져 있었다. 하지만 이는 일반적인 태열기가 아닌 접촉성 염증으로 보였다.

"혹시 아기가 이불에 얼굴을 비비나요? 한쪽만 비비나 봐요. 병원에는 다녀오셨나요?"

내가 상담창을 통해 물었다.

"아기 띠를 하고 있으면 아기가 제게 많이 비벼요. 한쪽만요. 병원에서 스테로이드가 함유된 약을 처방받아 왔어요."

그녀는 첫째 아이 때는 경험하지 못했던 상황이어서 더 걱정하고 있었고, 스테로이드가 함유된 약을 바르고 싶지 않아 했다. 그래서 그녀는 둘째 아이의 피부에 대한 걱정을 화장품으로 덜어내고 싶었던 것 같다. 하지만 나의 생각은 조금 달랐다.

"아기들의 피부는 연약해서 쉽게 염증이 생기기도 한답니다. 염증이 생겼을 때는 지금 하신 것처럼 빨리 병원에 가셔서 염증 치료약을 최대한 간헐적으로 짧게 발라서 아이의 피부를 관리하시는 것이 좋아요. 염증이 생겼을 때는 보습도 중요하지만 염증이 심해지지 않도록 빠르게 치료하는 것이 급선무입니다."

가끔 상담을 하다 보면 아이를 둘 이상 키워낸 엄마들 중 아이의 피부 상태를 고려하지 않고 병원에 가봤자 스테로이드 계열의 약만 주기 때문에 병원에 가지 않는다고 이야기하는 엄마들도 더러 있다. 하지만 아기 피부에 심각할 정도로 증상이 나타났을 때는 보습 관리만으로 낫기는 좀 힘든 상황일 수 있다. 그럴 때는 과감하게 약을 쓰더라도 빠르게 대처해서 아이 피부가 안정을 되찾게 하는 것이 먼저라고 생각한다. 여기서 엄마들이 어렵게 생각하는 문제가 언제 약을 써야 하는지의 여부인데, 접촉성 피부염 등의 피부 염증이 발생하지 않은 상황이라면 환경을 체크해주는 것만으로 아기의 피부를 꿀피부로 관리할 수 있다.

아기는 온도에 민감해 시원하게 해줘야 한다

앞에서 언급한 바와 같이 신생아들은 기본적으로 체온이 다소 높고 체온 조절 능력이 미숙하기 때문에 환경의 온도가 조금만 높아져도 울거나 피부가 붉어지며 예민하게 반응한다. 이렇게 피부에서 느껴지는 불편함을 얼굴을 비비면서 해소하는 경우도 있는데, 이것이 심해지면 접촉성 피부염이 될 수도 있다. 일단 접촉성 피부염까지 발전하지 않은 경우의 태열기는 환경의 온도를 21~22도 정도로 맞추고 아이를 시원하게 해주면 해결되는 경우가 많다. 그리고 이런 태열이 이어져서 땀띠가 되면, 또 이 땀띠를 아토피라고 걱정하는 엄마들도 있다. 땀띠 역시 시원하게 해주면 가라앉는다. 이러한 경우는 아이의 몸을 시원하게 해주는 것이 제일 빠르고 좋은 방법이어서 나는 먼저 집안의 온도를 체크할 것을 이야기한다.

상담을 통해 알아보면 아이들의 갑작스러운 피부 변화의 원인 중 하나가 보일러나 집안의 온도였던 경우가 대부분이었다. 그래서 집안 온도를 21도가 넘지 않도록 유지시키고 아기가 머무르는 곳의 환경을 시원하게 하도록 상담을 하고 며칠 후에 아기의 피부 상태를 물어보면 대부분의 고객들이 좋아졌다고 이야기한다.(적정 온도는 계절에 따라 다소 차이가 있을 수 있다.) 이때 아기의 태열기를 잡겠다며 좋다는 로션이나 크림을 이것저것 많이 바르게 되면 아이의 열감은 더욱 높아져 태열기가 더욱 심해질 수 있다. 이렇게 된다면 오히려 아기의 피부 상태가 악화될 수 있다.

이렇듯 태열기가 많이 있는 아이들은 집안 환경은 시원하게 해주고 화장품은 최소한으로 바르는 것이 좋다. 그래서 나는 신생아들에게는 알로에 계열의 미스트를 추천한다. 실제로 아이의 피부가 안 좋다고 느낀 한 엄마는 수딩 겔, 로션, 아토피 로션, 아토피 크림 등 아이에게 너무 많은 화장품을 발라서 오히려 아이의 피부가 계속 붉어져 있거나 아이가 불편함을 느껴 긁거나 이불 등에 비비다가 오히려 접촉성 피부염으로 발전한 경우도 있었다. 상황에 따라 접촉성 피부염 등의 증상이 나타난 경우에도 로션이나 보습제로 관리할 수도 있지만, 빠른 치료로 피부의 항상성을 높여주는 것이 아기와 엄마의 피부 건강 및 정신 건강에 더 좋기 때문에 이런 경우에는 병원에서 빠르게 치료할 것을 권한다.

물론 너무 약에 의존해서는 안 된다. 일시적으로 효과가 좋지만 그렇게 피부가 제자리를 찾고 나면 다시 적절한 환경 조성과 최소한의 보습으로 아이의 피부가 제 역할을 할 수 있도록 만들어주는 것이 아이의 피부 건강에는 더욱 좋기 때문이다. 아기의 피부에 신경이 쓰일 정도의 증상이 나타났을 때 느긋하게 아기의 피부를 믿고 환경을 개선해 줄 수 있는 엄마라면 스테로이드제 없이도 아기의 피부가 좋아질 수 있다. 하지만 이런 경우에는 엄마의 많은 관심과 관리의 손길이 필요하다. 아기의 피부에 상처가 났을 때도 마찬가지다. 상처 난 아기의 피부는 더 빠르게 재생되는데, 염증이 동반되지 않는다는 전제 조건하에 엄마가 관리할 수 있다.

아기 피부가 연약한 것은 자연스러운 현상이다. 아기의 피부에 문제가 생겼다고 해서 너무 조급하게 대처하지 않길 바란다. 아기 피부에 왜 이런 변화가 생겼는지 그 원인을 확인해 즉각적으로 해결하는 것이 아기의 피부 건강을 위한 엄마가 해줄 수 있는 최선의 일이다.

●● 아이의 시선을 돌려주세요

아기들의 피부가 급작스럽게 변했을 때 마음이 조급해지지 않을 엄마는 없을 것이다. 하지만 아기의 피부는 반드시 좋아진다는 믿음을 가지고 환경도 쿨하게, 엄마의 마음도 쿨하게 아기의 피부를 대하는 것이 좋다. 엄마들의 마음이 50% 조급해진다면 아기들의 마음은 500% 조급해진다는 사실을 절대 잊어서는 안 된다.

아기의 피부는 아직 어른의 피부와 다르기 때문에 외부 환경으로 인해 피부가 쉽게 변할 수 있다. 환경을 먼저 체크하는 것이 엄마가 가장 신경 써서 해야 할 일이다. 아기가 피부를 너무 긁으면 오히려 상처로 인한 제2의 질병이 발생할 수 있어서 최대한 긁지 않도록 옆에서 도와주는 것이 필요하다.

간지럽거나 긁고 싶다는 생각은 뇌에서 파생된다. 시원하게 관리한 미스트나 수딩 겔을 간지러워하는 곳에 발라주면 뇌는 간지럽다는 생각을 시원하다는 생각으로 바꿔서 느끼게 된다. 즉 간지럽다는 생각을 잊게 된다. 이런 방법을 활용해 최대한 2차 감염이 일어나지 않도록 쿨하게 관리해준다면 신생아 태열로 인한 걱정은 하지 않아도 될 것이다. 다시 한 번 강조하지만, 너무 많은 화장품을 발라주는 것은 태열이 많은 신생아 피부에 전혀 도움이 되지 않는다.

알레르기가 올라오면 명탐정 코난이 되자

●● 원인을 알면
당황할 일이 없다

지금은 열 살이 된 딸아이가 네다섯 살 때 있었던 일이다. 그날 딸은 좋아하는 친구 집에서 친구와 재밌게 놀고 목욕도 같이 했다. 목욕까지 할 줄을 몰라서 친구 집에 있는 유기농 로션을 발랐는데, 집에 오는 길에 딸아이의 볼이 붉어져 있는 것을 발견했다. 갑자기 피부에 알레르기 반응이 올라온 것이라 조금 놀라긴 했지만, 집에 돌아오자마자 얼굴을 다시 씻기고 딸아이가 바르던 로션을 발라줬다. 30분 정도 지나자 딸아이의 피부에서 붉은 기가 없어지더니 다시 본래의 얼굴색을 되찾았다.

내가 집에 오자마자 아이의 얼굴을 다시 씻긴 이유는 친구 집에서 발랐던 로션에 함유된 '인공 향료'가 아이의 알레르기를 유발한 것이라고 짐작했기 때문이었다. 신생아 시절에 딸아이의 피부를 지속적으로 붉게 만들었던 것이 바로 로션에 들어 있던 '인공 향료'였다. 예상대로 딸아이의 알레르기는 금세 가라앉았다. 이처럼 증상의 원인을 알고 있으면 크게 겁낼 일도, 크게 당황할 일도 없어진다.

●● 알레르기 반응과 명현현상은 다르다

아이의 알레르기 원인을 정확히 알게 된 데에는 나름 뼈아픈 경험이 있었다. 딸이 신생아였을 때 화장품 공동구매 셀러를 진행하는 일을 했는데, 유명한 제품들 중에서도 정말 성분이 좋은 제품만 공동구매 제품으로 선정했다. 그때 당시 프랑스에서 수입한 좋은 성분의 베이비 로션도 공수해 딸에게 사용했다.

유기농인 데다 유해 성분이 전혀 없는 좋은 화장품이라고 생각해서 화장품에 대한 믿음이 특별했다. 그러던 어느 날 아이가 목욕을 하고 난 후 로션을 바르고 나면 얼굴이 붉어진다는 것을 발견했다. 따뜻한 물로 샤워를 해서 얼굴이 붉어졌던 것이 아니라 화장품을 바르고 나면 붉어지는 것이었다. 그런데 화장품을 맹신했던 나는 신생아였던 아이의 볼에 붉게 올라오는 현상이 일종의 '명현 반응'이라고 생각하고 넘겼다. 당시 우리 딸의 피부 트러블이 아주 오랫동안 지속되었는데도, 나는 이것을 어른들의 피부처럼 명현현상이라고 혼자 결론 내리고는 지켜봐야 한다고 생각했다. 지금 생각해 보면 그렇게 '믿고 싶었던' 것이 아니었나 싶고, 정말 어리석은 생각이었다.

그러던 어느 날 딸아이를 씻기고 나서 로션 바르는 것을 깜박했다. 그런데 그날만큼은 아이 볼이 붉어지지 않고 멀쩡했다! 그날부터 나는 프랑스제 유기농 로션을 조금씩 의심하기 시작했다. 다음 날 나는 프랑스제 로션 말고 길거리에서 샘플로 받아온 다른 로션을 아이에게 발라줬다. 그런데 역시 볼이 붉어지지 않았다.

갑자기 나는 많이 혼란스러웠고 나를 또랑또랑 보고 있는 아이에게 참 미안하다는 생각이 들었다. 정신을 차리고 생각해 보니 아이의 피부가 붉어졌던 것은 명현현상이 아닌 일종의 알레르기 반응이었던 것이다. 그렇게 믿었던 프랑스제 유기농 화장품에서 알레르기가 유발될 수 있는 '인공 향료'가 들어 있었다는 것을 알게 되었다.

●● 미안한 초보 엄마, 명탐정으로 거듭나기

사실 따지고 보면 프랑스제 유기농 화장품의 잘못은 아니었다. '인공 향료'가 들어 있다는 것을 눈여겨보지 않았고 그 부분이 우리 아이와 맞지 않는 게 아닐까 하는 의심을 전혀 하지 않았던 나의 잘못이었다. 나도 엄마 역할은 처음인지라 딸에게 인공 향료 알레르기가 있으리라는 생각을 하지 못했지만, 며칠 동안 아이의 붉은 얼굴을 보면서도 명현현상일 것이라 확신한 나 자신에게 화가 나기도 했고 딸아이에게 너무 미안하다는 생각이 들었다. 좀 더 치밀하고 차분히 생각해 봤다면, 하루라도 빨리 아이의 알레르기 증세를 가라앉히지 않았을까 싶다.

엄마들은 누구나 다 초보로 시작한다. 누구나 다 첫 아이는 경험 없이 키운다. 그렇기에 더더욱 아이의 상태에 대해서는 '탐정'과도 같은 관찰력과 치밀함이 필요한 것이 아닐까. 나는 당시 이 일을 계기로 아이를 키우는 일은 무디고 안일한 정신 상태를 탐정과도 같은 관찰자로 바꾸는 일임을 뼈아프게 알게 되었다.

●● 피부가 신호를 보내는 다섯 가지 이유

문제가 생기면 피부는 우리에게 신호를 보낸다. 피부가 신호를 보내는 것에는 이유가 반드시 있다. 피부가 보내는 신호를 흘려보내지 않고 즉각적으로 해결하면 더 건강한 피부를 유지할 수 있다. 화장품에 들어 있는 성분이 문제가 된다면 최대한 빠르게 씻어내면 피부는 다시 안정을 되찾는다. 하지만 피부가 신호를 주는 경우는 화장품 성분에서만 일어나는 것이 아니다. 오히려 화장품 성분에서 알레르기가 유발될 가능성은 더 적다.

피부에 문제가 생기는 요인 중 가장 손꼽히는 원인은 다음과 같다.

유전적 영향

부모가 아토피가 있는 경우 혹은 아토피를 앓았을 경우 아토피가 유발될 수 있는 인자를 물려받을 가능성이 높다. 선천적으로 타고난 경우다. 이때는 가능하면 가장 빨리 알레르기 인자를 알아차리고 대비하는 것이 좋다.

딸아이는 유전적인 영향에도 불구하고 알레르기를 잘 이겨낸 편이다. 비염이 심한 할아버지와 아빠처럼 대를 이어 네 살까지만 해도 봄이 되면 콧물과 눈물로 하루를 보냈다. 봄이 되면 남편은 심하게 코가 막히는 알레르기 증상을 일으킨다. 나는 되도록 딸아이가 봄에 외출할 때는 마스크를 쓰게 하는 등 알레르기가 유발되지 않도록 주의했다. 열 살인 지금은 꽃가루 알레르기를 조심하지 않아도 될 정도로 알레르기가 유발되지 않는다.

알레르기가 유발되지 않도록 조심했던 덕분이었는지, 딸아이의 면역력이 알레르기를 이겨낼 정도로 성장했는지, 아니면 코로나19 대유행으로 마스크 착용이 일반화된 탓인지는 알 수 없지만(하지만 남편은 아직도 봄이 되면 코가 꽉 막힌다. 남편은 비염이 마스크와는 상관이 없다고 말하기도 한다), 이 모든 것이 복합적으로 작용해 지금 딸은 대를 이어 괴롭히던 유전적 알레르기에서 자유롭다.

외부 환경의 영향

외부 환경이란 알레르기가 유발될 수 있는 환경을 말한다. 침대 매트리스나 이불 등에 서식하면서 사람의 피부 각질이나 비듬 따위를 먹고 사는 집먼지 진드기, 새로 지은 건축 자재에서 배출되는 화학 물질로 인해 발생하는 새집증후군 등이 이에 해당한다. 면역을 담당하는 세포들이 이 알레르기 유발 물질들을 이겨낼 힘이 부족하면 후천적으로 알레르기가 발생하게 된다. 특히 나이가 어릴수록 알레르기 유발 물질에 취약하기 때문에 알레르기가 발생되면 면역력을 되찾을 때까지만이라도 알레르기 유발 물질을 차단해주는 것이 좋다.

먼지나 새집증후군으로 인한 알레르기로 고통받는 사람들은 생각보다 꽤 많다. 아이들의 증세가 심각할 경우 방학을 이용해 환경이 좋은 곳에 머물다가 개학에 맞춰 도시로 돌아오는 가정도 꽤 있다. 생각보다 비용이 크게 들지 않는 곳도 많으니 섬이나 남쪽으로 '한 달 살이'를 떠나는 것도 고려해볼 만하다.

음식물로 인한 알레르기

땅콩 알레르기나 달걀 알레르기 등 음식으로 인한 알레르기가 발생하기도 한다. 앞에서 소개한 바 있는 영국의 의학박사 몬티 라이먼은 알레르기는 알레르기 유발 식품을 먹어서 발생하기도 하지만 건강하지 못한 식생활 패턴에서도 유발된다는 의견을 밝혔는데, 딸아이는 이 후자에 속했다.

딸아이는 어릴 때만 해도 라면이나 과자 같은 가공식품을 먹으면 아토피가 스멀스멀 올라왔는데, 이후 내가 가공식품 섭취를 조절하며 되도록 자연식품을 많이 먹이는 패턴으로 식습관을 바꾸자 지금은 웬만한 가공식품 섭취로는 아토피 반응이 올라오지 않는다. 이는 건강한 식생활 패턴이 아이의 면역력을 강화해준 덕분이라고 짐작한다.

피부의 흡수를 통해 생기는 알레르기

음식물로 인한 알레르기 반응은 피부를 통해 몸속에 침투되었을 때도 가려움 등의 알레르기를 유발하기도 한다. 예를 들어 땅콩 같은 견과류에 알레르기가 있는 사람은 면역력이 약해졌을 때 견과류에서 유래된 오일을 바르기만 해도 알레르기가 유발된다. 오이 알레르기가 있는 사람이 오이 추출물이 들어간 제품을 발랐을 때도 알레르기가 유발된다. 피부 흡수를 통해 생기는 알레르기는 음식물뿐 아니라 공기 중에 떠다니는 유해 물질들 혹은 섬유나 가구에 묻어 있는 유해 물질들도 조심해야 할 대상이 된다. 하지만 면역 체계가 잘 발달되어 있다면 이런 걱정은 하지 않아도 된다.

심리적 영향

심리적 영향이란 바로 스트레스를 말한다. 과도하고 지속적인 스트레스는 곧 일상생활을 파괴하기도 한다. 예를 들어 균형 잡힌 음식을 잘 섭취하지 못하고 잠을 잘 자지 못한다면 우리 몸의 면역 체계는 힘을 잃게 된다. 우리 면역 체계가 힘을 잃게 되면 위에 이야기한 모든 부분에 영향을 받아 알레르기가 유발되는 계기가 된다.

알레르기가 발생되는 원인을 도저히 판단하기 힘든 경우에는 병원에서 알레르기 검사를 하는 방법도 있다. 병원 검사는 훨씬 세분화되어 진행되므로 알레르기 유발 물질에 대한 정보를 좀 더 상세하게 알아낼 수 있다. 그러나 가장 큰 원인은 앞서 설명한 다섯 가지 요인들이므로, 피부 트러블이 있을 경우 이 요인들 중 어디에 해당하는지를 살펴보고 관리하면 된다. 가능하다면 신생아 때부터 주 양육자가 주의를 기울여 관리한다면 유전적 요인이 있더라도 알레르기를 잘 조절할 수 있다.

●● 알레르기도 그때그때 다르다

알레르기 유발 원인을 바로 알아야 한다는 이야기를 하면 어떤 이들은 '알레르기 검사'의 장단점과 오류를 놓고 논쟁을 하려는 사람들이 더러 있다. 하지만 알레르기는 몸의 건강 상태에 따라 그때그때 다를 수 있다. 그래서 피부의 신호를 잘 보면 된다고 한 것이다. 피부가 신호를 줄 때 알레르기가 유발될 수 있었던 원인을 생각해 보고 그 원인을 차단한다면 피부는 다시 안정을 되찾는다.

예를 들어 바깥 활동 후 피부가 붉어지며 가려워하는 등의 신호를 보낸다면 그 사람에게는 햇빛 알레르기가 있을 가능성이 있다. 그런 경우에는 햇빛을 차단하는 방법으로 몸을 보호해야 한다. 특정 음식을 섭취한 후 피부에서 신호를 보냈다면 그 음식을 차단하면 된다. 단, 평생 차단해야 하는지의 여부는 자신의 건강 상태에 물어봐야 할 것이다.

시기를 놓쳐 피부 상태가 안 좋아졌다 하더라도 단번에 개선하는 특효약을 바라기보다는 건강 상태를 먼저 체크해 자기 몸의 컨디션이 좋아지는 방법을 선택하는 것이 바람직하다. 흔히 말하는 '원인을 알 수 없는 성인 아토피'가 이와 관련되어 있을 가능성이 높다. 그래서 균형 잡힌 식생활, 운동 등을 지속적으로 하는 것이 피부 건강에 매우 중요하다.

●● 내 피부에 맞는 화장품이 최상의 화장품이다

일부 유튜버 가운데는 식약처가 지정한 25가지 알레르기 유발 성분을 놓고 이것이 반드시 피해야만 하는 성분은 아니라며 알레르기 유발 성분을 옹호하는 듯한 발언도 종종 한다. 이들의 주장에 따르면 알레르기가 유발되는 것은 특정 사람에게만 일어날 수 있는 일이기 때문에 화장품을 고를 때 너무 신경 쓰지 않아도 된다는 것이다. 그들은 대개 이런 옹호 발언을 하면서 이걸 써라, 저걸 써라 하며 화장품 구입을 부추긴다. 하지만 우리 피부의 면역계는 그렇게 간단하지 않다. 오늘은 아무 일도 일어나지 않았던 피부에 내일 어떠한 트러블이 찾아올지 모른다.

실제로 최근 나와 상담한 한 고객은 좋다는 제품은 다 쓰고 있지만 여전히 팔 안쪽에 생기는 아토피 피부염에서 벗어나지 못하고 있다. 그럴듯한 광고를 보고 구입한 화장품이지만 정작 자신에게 어떤 영향을 끼치는지 확인해 보지 않고 화장품을 사용하고 있다면 피부 트러블에서 영영 벗어나기는 어려울 것이다. 따라서 피부에 알레르기가 유발될 수도 있는 무모함까지 이겨내며 화장품 회사에서 광고하는 모든 제품을 사용해볼 필요는 없다.

내게 가장 잘 맞고 가장 좋은 화장품은 고가의 화장품도, 천연 성분 함유량이 높은 화장품도 아니다. 바로 내 피부에 맞는 화장품이다. 이 사실을 빨리 알아차릴수록 바르게 화장품 바르는 법도, 내 피부를 바르게 지키는 법도 훨씬 쉬워질 것이다.

식물성 천연 성분은 바이러스를 막는 골키퍼다

●● "피부가 편안해진다는 말이 맞는 제품이에요"

"대표님! 너무 좋은 제품 만들어주셔서 정말 감사합니다!"

2021년 6월 자연드림 매장에 내가 기획하고 제조한 무농약 알로에 수딩 겔이 판매되고 난 후 서울 지역 생협의 조합원에게 받은 전화의 내용이다. 조합원들에게 이런 감사 인사를 받을 때면 소신 있게 제품을 만들어온 것에 뿌듯해진다. 서울에 위치한 생협의 C조합원은 내가 기획하고 제조한 마더스프 '위드알로 수딩 겔'을 사용하고 난 후 피부가 매우 편안해졌다고 말하면서 전화로 감사의 인사와 함께 제품에 대한 애정을 전했다.

"저는 피부가 정말 예민해요. 그래서 이런 제품을 만나서 피부가 편안해지면 너무 고맙죠. 피부가 편안해진다는 말, 딱 그 말이 맞는 제품이에요. 오랜만에 긁지 않고 숙면을 취했어요. 증상이 완전히 없어진 건 아니어도 이 정도만으로도 너무 감사합니다."

C조합원의 찬사를 받은 알로에 수딩 겔은 자연드림에 입점하자마자 날개 돋친 듯 팔리며 제품의 효능을 인정받았다.

● ● 수개월 만에 증명된 알로에베라 잎수의 효능

나는 딸이 예민한 피부로 고생하기 전까지는 식물성 천연 성분에 대한 관심이 전혀 없었다. 오히려 나는 '식물성 천연 성분이 우리 피부에 정말 효과가 있을까?'라는 의구심도 있었다. 하지만 딸의 예민한 피부에 알로에와 호호바가 좋다는 정보를 알게 된 후에 나와 딸의 피부에 직접 실험해봤는데, 함유량이 높은 제품일수록 피부 진정의 효과와 피부 재생의 효과가 좋다는 것을 몸소 느끼게 되었다. 그래서 나는 마더스프 브랜드의 위드알로 제품을 기획할 때 모든 제품의 베이스 수(水)를 알로에베라 잎수로 하기로 했다. 완제품의 제형에 따라 알로에베라 잎수의 표기 함유량은 약간 달라질 수 있다.

사실 공장에서는 알로에베라 잎수의 양이 보습 등의 효과와는 크게 관련이 없다고 했다. 모든 제품이 알로에베라 잎수가 베이스가 되면 제품 원가가 많이 차이 나므로 알로에를 조금만 넣어 알로에의 느낌만 풍겨도 효과는 거의 비슷할 것이라고 이야기했다. 하지만 내가 수개월 샘플링을 하며 실험해본 결과 알로에베라 잎수의 함유량에 따라 내 피부의 상태와 딸의 피부 상태는 달랐다. 지인과 친한 고객들을 대상으로 같은 실험을 했는데, 알로에베라 잎수가 베이스인 제품에 대한 평가가 현저하게 높았다. 물론 대상자들은 알로에 함유량을 모르게 하고 진행했던 실험이었다. 그렇게 직접 제품을 만들고 테스트하고 고객들의 후기에 대한 데이터가 쌓이며 나는 알로에의 효능을 확실하게 믿게 되었다.

알로에가 좋다는 것은 알고 있었으나 알로에를 공부할수록 '까도 까도 새로운 양파 같은 알로에'라는 생각이 들었다. 원산지를 알게 되면 알로에가 열에 잘 견디는 이유가 쉽게 이해된다. 알로에의 원산지는 아프리카다. 세계에서 가장 기온이 높은 아프리카에서 알로에는 지금까지 살아남아 이제 전 세계에서 만나볼 수 있는 식물이 되었다.

알로에의 질긴 생명력에도 이유가 있었다. 알로에는 녹색의 껍질과 젤리 타입의 수액으로 이루어져 있다. 이는 열을 견뎌낼 수 있는 최고의 조건이다. 녹색의 껍질은 태양으로부터 수액을 보호하고 수액은 풍부한 수분과 항균·항진 약리 작용을 하며 스스로 살아남는다. 모든 식물들이 항균·항진 보습 작용을 하지만 아프리카가 원산지인 알로에의 치유력은 더욱 강력하다. 그래서 알로에는 고대 시대부터 질병을 관리하는 약재로 널리 쓰였다.

알로에 식물에 함유된 알로에틴은 항세균, 항진균 작용이 뛰어나며 알로에울신은 산과 알칼리의 조절을 돕는다. 알로에는 이런 작용들이 있어서 뜨거운 태양에서 잘 견디고 열을 관리하는 데 효과가 탁월한 것이다. 이런 효과들은 모두 바르고 먹었을 때 같은 효능을 얻을 수 있다. 그래서 화장품의 단골 메뉴로 활용되고 신생아 피부 관리와 여름철 열을 진정시키는 피부 보습제로 많이 알려지게 된 것이다.

●● 비건 인증, 피부에도 좋다

C조합원의 극찬을 받은 알로에 수딩 젤은 무농약 알로에베라 잎수를 기본 베이스로 한다. 무농약 알로에베라 잎즙의 함유량을 30%로 높여 알로에베라 잎의 농도를 더 업그레이드한 것이다. 여기서 '알로에베라 잎수'란 알로에베라 잎의 추출물을 증류수 등과 희석시킨 것을 말한다.

반면 '알로에베라 잎즙'은 식용이 가능한 알로에 품종의 잎의 착즙액을 말한다. 알로에베라 잎즙은 알로에베라 잎을 그대로 착즙한 것이어서 농축된 성분이 그대로 함유된다. 또한 식용이 가능한 만큼 안전하고 유효 성분도 풍부하며 피부에도 더 확실한 효과를 보인다. 알로에베라 잎 자체의 점성과 보습력만으로도 다른 보습을 주는 화학 성분을 첨가하지 않아도 충분한 수분감을 준다. 그래서 진득거리는 느낌은 덜하고 수분감이 증폭되며 알로에 잎이 가지고 있는 진정, 항균 등의 효능을 더 높이는데, 이로 인해 피부의 붉은 감을 잡아주고 트러블에도 효능이 있는 것이다.

C조합원의 극찬뿐만 아니라, 열에 약한 피부로 인해 전기장판을 이용한 후 볼에 붉은 감이 없어지지 않았다고 했던 청주의 D조합원은 마더스프의 알로에 수딩 겔을 사용한 후 붉은 감이 진정된 후기 사진을 나에게 보내기도 했다.

나는 알로에의 효능을 직접 경험하기 전에는 식물성 천연 성분의 효능에 의구심을 가졌지만, 그 효능을 직접 경험한 후 식물성 천연 성분의 치유력에 완전히 매료되어 '비건 인증'까지도 진행하게 되었다. 비건 인증이란 한국비건인증원에서 공식 인증한 제품들에 부여되는 마크로, 제조 및 생산 과정에서 동물성 성분을 사용하지 않고 동물 실험을 진행하지 않은 제품에 붙여진다. 또한 동물성 DNA를 포함시키지 않는 자연 물질에서 얻은 성분으로 구성되어야 하며 화학적 합성물은 배제해 제조해야 인증이 된다.

처음에는 비건 인증에 다소 냉소적이었다. 그 이유는 비건 인증을 위해 그동안 효과가 좋다고 생각했던 성분들을 포기해야 한다는 이유도 있었고, 피부 효능에 대한 규제는 전혀 없는 인증이어서 그동안 비건 인증은 진행한 적이 없었다. 하지만 내가 직접 테스트하고 느낀 경험을 통해 비건인증원에서 제시하는 식물성 천연 성분, 자연 물질에서 얻은 성분만으로도 피부에 의미 있는 효과가 나타난다는 것을 고객들에게 확실하게 소개할 수 있어서 비건 인증까지 진행하게 된 것이다.

여러 모로 쓸모 있는 고욤나무

내가 알로에 하나만 가지고 천연 성분의 치유력을 믿는 것은 아니다. 마더스프 시그니처인 시카 크림의 베이스가 되는 '고욤'에 대해서도 나는 놀라운 치유력을 경험했다.

'고욤 잎'을 베이스로 한 '시카 크림'을 샘플로 건네받았을 때 나는 '고욤 잎'으로 제품을 만드는 것에 반대했다. 반대했던 가장 큰 이유는 '생소한 원료' 이름 때문이었다. 시카 크림은 우리가 잘 알고 있는 병풀 추출물이 그 베이스가 되어야 하는데, '고욤 잎'은 일반인보다는 화장품을 많이 알고 있는 '전문가'에 가까운 나조차도 처음 들어보는 생소한 이름이어서 마케팅적으로도, 소비자에게 친근하게 다가가기에도 무리라고 판단했다.

고욤나무는 감나무과에 속하는 교목으로 한국, 중국, 일본 등에 주로 분포한다. 가을이면 열리는 고욤나무 열매는 언뜻 보면 감처럼 생겼으나 구슬 크기로 훨씬 작고 황갈색을 띤다. 식용보다는 약용 염료로 쓰인다. 꽃은 6월에 피며, 열매는 10~11월에 익는다. 우리가 흔히 산에 가면 볼 수 있는 나무가 고욤나무다.

나는 그 열매를 처음 봤을 때 어려서부터 산에서 흔히 봤던 나무 열매임을 알 수 있었다. 이름만 생소했을 뿐 그 열매의 모양이나 잎의 생김새는 아주 친숙했다. 하지만 고욤이 피부에 주는 효과를 직접 경험한 적이 없어서 고욤 잎을 이용한 시카 크림을 출시하는 것이 걱정스러웠다.

걱정했던 것과는 달리 샘플을 사용한 후에 나는 '고욤 잎'의 매력에 완전히 매료되었다. 그즈음 나는 생리전증후군 시기에 나타나던 턱 밑 피부 트러블이 눈엣가시였던 참이었다. 마침 그 샘플을 일주일 정도 사용했는데, 놀랍게도 트러블이 없어지더니 다시는 생기지 않았다.

고욤은 생명력이 좋아 어디에 심든 잘 자란다. 그만큼 많은 바이러스를 이겨내는 힘이 있는데 그 힘을 주는 주성분은 주로 식물의 열매, 잎의 표면, 꽃 등에 많이 존재하고 있는 플라보노이드이다. 나는 내가 시카 크림을 사용한 후 느꼈던 효과가 신기해서 고욤이 가지는 문헌과 효능을 찾아봤다. 알고 보니 《동의보감》에 이미 그 내용이 기재되어 있었다. 그 이후 나는 고욤 잎과 알로에를 베이스로 우리 회사 제품을 만들고 있다.

식물성 천연 성분에는 놀라운 치유력이 있다

2003년에 피부 비만 관리실 실장으로 화장품을 접하고 고객들에게 판매를 시작했던 나는 사람의 피부 속에 존재하며 보습 혹은 피부 재생을 촉진하는 인자로 알려져 있는 성분들에 더 관심이 많았다. 예를 들면 히아루론, 콜라겐, 엘라스틴, EGF, 세라마이드 등으로 우리가 대중적으로 잘 알고 있는 성분들이다. 이 성분들은 피부 세포들로 이미 우리 피부 안에서 내가 가지고 있는 것들인데, 이 성분들을 더 바르고 채워지면 피부가 더 좋아질 것이라고 믿고 있었다.

하지만 면역력이 약한 피부로 인해 고통받고 있는 사람들을 보며 '보습'과 '재생'을 강조하는 강력한 화학 성분보다 '진정'과 '항균' 작용을 통해 바이러스를 이겨내고 스스로 강력한 보습력을 갖출 수 있도록 도움을 줄 수 있는 식물성 천연 성분의 필요성을 깨닫게 되었다. 더 바르면서 채우는 것이 아닌 자연 성분을 이용해 바이러스를 관리하고 피부 속에 존재하는 유효 성분들이 더 활성화되도록 만드는 것이 피부를 건강하게 만들어주는 것이다. 피부 골키퍼가 바이러스를 잘 튕겨내고 우리 몸의 피부 세포가 스스로 활성화될 수 있도록 한다면 피부는 저절로 건강해지고 보기에도 좋아지는 것이다.

●● 천연 성분이라면, 함유량은 반드시 체크해야 한다

식물성 천연 성분이 피부에 하는 역할이 놀랍도록 크다. 식물성 천연 성분은 천연 항생제이며 천연 항염제의 역할이 된다. 그런데 거기서 의미 있는 효과를 보기 위해서는 식물성 천연 성분의 함유량을 꼭 체크해야 한다. 식물성 천연 화장품을 대표하는 화장품들도 베이스가 되는 식물의 함유량이 현저히 적은 경우가 많다.

'자연 유래', '천연'이라는 단어를 마케팅으로만 이용하고 정작 좋은 성분을 물과 희석시켜 그 효능이 제대로 나타나는 경우가 드물다. 그 결과 소비자는 껍데기만 식물에서 유래한 천연 성분이고 그 속은 물인 제품을 구입하는 경우도 많다. 천연 성분의 자연 치유력을 이용하려면 99.9%에 3,000원, 4,000원 하는 제품은 나올 수가 없다. 상품 케이스만 해도 족히 500원은 될 것이다. 따라서 천연 성분의 치유력을 만끽하려면 함유량을 반드시 확인하는 습관이 필요하다.

하지만 애석하게도 함유량을 확인한다 해도 천연 성분의 함유량이 맞는지 아닌지에 대해서는 확인할 길이 없다. 그래서 우리 회사의 경우 제품의 효능을 결정하는 주요 추출물은 직접 추출해 사용하는 편이다. 고객은 모든 화장품 회사의 추출물을 다 일일이 확인하고 화장품을 구입할 수는 없을 것이다. 그럴 때 먹어서 효능을 얻을 수 있는 방법도 있다. 나는 먹지 말고 피부에 양보하라는 광고 카피를 별로 좋아하지 않는다. 이는 잘못된 표현으로, 피부에 발라서 좋은 것은 먹었을 때 더 피부를 돋보이게 하기 때문이다. 지금부터라도 피부 건강을 위해 식물들을 여러 가지 방법으로 섭취하는 습관을 들여보는 것도 추천한다.

부록

화장품 다이어트, 그것이 궁금하다

Q1. 40대 여자입니다. 화장품 다이어트 실천 중이에요. 샴푸와 보디워시, 클렌징이 모두 계면활성제인 것으로 알고 있어요. 그런데 정확히 이 세 가지의 차이가 뭔가요? 꼭 따로따로 전부 다 사용해야 하나요?

······

A1. 아주 정확하게 이야기한다면 샴푸와 보디워시, 클렌징은 '워시' 하나의 개념으로 생각하면 됩니다. 각 제품마다 사용되는 계면활성제의 성분이 다소 차이가 있을 수 있겠지만 샴푸와 보디워시, 클렌징에 맞는 계면활성제가 따로 정해져 있는 것은 아닙니다. 그래서 해외의 제품들은 올인원 제품이 많습니다. 업체에 따라 계면활성제의 함유량이나 계면활성제의 종류를 추가함으로써 세정력을 더 강한 제품을 만들기도 합니다. 보통 보디워시가 샴푸보다 세정력이 약할 것이라고 생각하기도 하지만 보디워시라고 해서 계면활성제가 더 적게 들어가는 것은 아닙니다. 샴푸와 보디워시를 나누는 기준은 콘셉트로 사용된 성분 혹은 향을 가지고 제품을 분류하기도 합니다.

저희 회사의 제품은 샴푸와 보디워시를 나누지 않습니다. 소비자들이 더 쉽게 사용할 수 있게 하기 위해 '샴푸 앤 보디워시'라는 제품명을 사용하고 있습니다.

클렌징의 경우도 계면활성제로 만들어지지만 화상을 시워야 하므로 제형을 좀 더 되직하게 만들기도 하고 크림의 형태로 만들기도 합니다. 피부에 독성이 강한 계면활성제를 사용하지 않은 샴푸 혹은 보디워시는 클렌징도 가능합니다.
결론적으로 말씀드린다면 샴푸와 보디워시, 클렌징 모두 계면활성제의 주 역할인 '워시'의 개념으로 생각하면 됩니다. 저의 경우 자사의 샴푸 앤 보디워시를 이용해 샴푸는 물론이며 아이의 선크림도 클렌징 해주고 저도 사용합니다.
시중에 나와 있는 모든 제품을 이렇게 사용하기를 원한다면 먼저 제품에 사용한 계면활성제가 자연 유래 성분인지 확인하는 것이 좋습니다. 그다음 pH 5.5~6.5 정도의 약산성 워시를 고르면 피부에 편안하게 잘 사용할 수 있습니다.

Q2. 돌 지난 아기의 엄마입니다. 요즘 아이와 밖에 나갈 일이 많아서 선크림에 대한 고민이 많습니다. 선크림의 클렌징에 대한 고민도 같이 있고요. 물로만 지워지는 선크림도 있던데 그건 뭐가 다른 건지도 궁금합니다. 그리고 아기 선크림의 기준은 무엇인지 궁금합니다. 화장품 다이어트를 위해 선크림도 다이어트해도 되는 건가요?

······

A2. 자외선 차단제에 대해서는 말도 많고 정보도 참 많은 것 같습니다. 매해 여름이 다가올 즈음이면 온 매스컴과 기사에서 선크림에 대한 방송이나 기사도 많이 쏟아지고요. 그럴수록 화장품을 구입해야 하는 소비자들은 많이 헷갈릴 수밖에 없을 것 같아요.

선크림을 클렌징하는 것에 대해서는 제품별로 차이가 있습니다. 제품에 따라 물로도 잘 지워지는 수용성 클렌징이 가능한 제품이 있는 반면에 물로 잘 지워지지 않는 선크림도 있습니다. 쉽게 생각해 보면 워터프루프 타입이 물로 잘 지워지지 않는 선크림 타입이라고 생각하시면 될 거 같아요. 물로만 지워지는 선크림은 일종의 마케팅적인 요소의 용어라고 보시면 될 것 같습니다.

앞에서 말씀드린 것처럼 수용성 클렌징이 가능한 모든 선크림은 제품은 물로만 지워도 된다고 설명할 수는 있습니다. 하지만 저는 선크림의 인증을 위해 반드시 함유되어야 하는 성분들의 특성상 물로만 지우는 것보다는 클렌징을 같이 해주시도록 안내해 드리고 있습니다.
그렇다고 선크림 전용 클렌징을 구입하지 않으셔도 됩니다. 피부에 순한 약산성 워시를 이용하시면 됩니다. 약산성 워시는 pH 5.5의 모든 워시(샴푸, 보디워시 등) 계열 제품이면 됩니다. 자사의 제품의 경우 샴푸 앤 보디워시도 검은콩 정도 크기의 소량만 이용한다면 아기 피부의 선크림을 클렌징하는데 전혀 손색이 없습니다. 하지만 이는 제품마다 차이가 있을 수 있습니다. 물론 워터프루프 타입의 제품 클렌징도 가능합니다.
아기 선크림의 기준이 따로 있는 것은 아닙니다. 통상적으로 아기가 써도 무난하게 바를 수 있는 선크림을 아기 선크림이라고 마케팅하고 판매되고 있습니다. 덧붙여 제가 생각한 기준을 좀 더 설명해 드리자면 아기 선크림은 SPF 지수가 너무 높지 않은 30~35 정도가 적당한데 SPF 지수가 높아질수록 선크림의 기능을 위한 성분들의 함유량도 높아져 선크림이 아기의 피부에 부담을 줄 수 있기 때문입니다. 그래서 아기 선크림은 아이도 어른도 안전하게 바를 수 있는 선크림을 이야기합니다.
덧붙여 저는 선크림에 대해 호의적인 편은 아닙니다. 식약처에서 관여하는 모든 기능성 성분의 제품들은 피부에 영향을 줍니다. 그런데 선크림은 자외선을 막기 위해 사용되는 만큼 그 성분이 피부에 영양을 주는 것은 아니며 오히려 과하게 될 때 피부를 많이 건조하게 만들거나 트러블을 유발할 수 있기 때문입니다.

본문에서도 설명했던 것처럼, 선크림을 이용해 자외선을 너무 차단할 경우 피부암을 예방할 수는 있어도 오히려 다른 암을 유발할 수도 있다는 의견에 동의하는 편입니다. 그래서 선크림을 너무 집착적으로 바를 필요는 없다고 생각합니다. 너무 강한 햇빛에 1시간 이상 있어야 하는 경우, 과하지 않은 SPF지수의 선크림과 우산 모자 등을 이용한 물리적 차단 방식으로 강한 자외선을 관리하는 것이 피부 건강에 맞는 선크림 다이어트 법이라고 생각합니다.

Q3. 30대 여성이고 여드름성 피부입니다. 10대 시절부터 생긴 여드름이 없어지지 않았고 지금도 매일 화장으로 여드름을 가리기에 바쁩니다. 여드름이 심한 건 아니지만 하나씩 올라오는 여드름이 늘 신경 쓰입니다. 여드름 화장품 광고를 접하면 거의 구입해서 사용해 보곤 하는데 이렇다 할 효과는 보지 못했습니다. 현재 여드름 전용 토너, 여드름 전용 세럼, 여드름 전용 크림 이렇게 바르고 있습니다. 세 가지만 바르고 있어서 많이 바른다는 느낌이 들지는 않는데 혹시 여기서 화장품 다이어트를 해야 한다면 어떤 것을 빼야 하나요? 궁금합니다.

······

A3. 여드름 피부에 '여드름 전용'이라는 말이 붙으면 여드름 피부에는 꼭 이 전용 제품을 발라야 할 것만 같은 생각이 드는 것은 어쩔 수 없는 일인 것 같습니다. 일단 여드름이 심한 건 아니라면 화장품을 얼굴 전체에 '여드름 전용'으로 꼭 사용하지 않으셔도 됩니다. 간헐적으로 여드름이 생기는 곳에만 여드름 전용 제품을 사용해 보셔도 됩니다. 예를 들어 여드름이 생긴 부위에만 여드름 전용 제품을 바르는 정도입니다.
모든 크림 타입은 여드름 피부에 적합하지 않습니다. 여드름 피부에는 유분감이 적은 화장품이 적합합니다. 지금 바르는 세 가지 중 화장품 다이어트를 해야 한다면 여드름 크림의 성분을 확인해 보시길 바랍니다. 혹시 크림 타입의 제품에 산성분이 포함되었다는 이유로 '여드름 전용'이라고 판매되고 있는 제품이라면 이 제품은 사용하지 않는 것이 좋습니다. 산성분을 이용해 여드름 피부의 피지를 조절하는 것은 일시적으로는 효과적으로 보일 수는 있지만 장기적으로는 각질의 탈락이 원활하지 않아져 오히려 피부가 약해질 수 있으니 토너 세럼을 비롯해 여드름 전용 제품을 사용하시기 전에는 꼭 산성분의 함유 여부를 확인하는 것이 좋습니다.

참고로 '여드름 전용'이라는 말은 화장품 홍보를 위해 사용된 문구일 뿐 사실상 여드름 전용 화장품으로 정해진 성분은 없습니다. 다만 여드름이 약화될 수 있도록 도움을 줄 수 있는 성분은 항염 소염의 기능이 있는 성분들이고 오일이 함유되어 있지 않는 성분들입니다. 우리가 잘 알고 있는 병풀 추출물이나 알로에 등의 식물성 성분들은 스스로 병충해를 막기 위해 항염 소염 작용을 하고 그 성분이 화장품에 들어가면 피부에서도 항염 소염 작용에 도움을 주기도 합니다. 자사에서는 고욤 잎을 이용해 이러한 작용을 하는 제품을 생산합니다. 하지만 이 또한 식약처에서 항염 소염 작용이 된다고 문구를 사용할 수 있도록 허락한 것은 아닙니다.

현재 '여드름이 유발될 수 있는 확률이 낮다고 볼 수 있다'라고 허락된 문구는 '논코메도 제닉'이라는 인증을 통해 확인할 수 있는 정도입니다. 논코메도 제닉 테스트가 완료된 후에는 여드름을 유발하지 않는 제품으로 여드름 피부에 적합이라는 문구를 쓰기도 하지만 이 또한 소비자들이 맹신해서는 안 됩니다. 이는 여드름의 발생이 오직 화장품 성분에 의한 모공 막힘에 의해서만 나타나는 것이 아니기 때문입니다.

여드름 피부 관리에는 무엇보다 운동이나 명상 등을 통해 스트레스를 저하시키는 것이 중요하며 식단으로는 유분감이 적은 채소 위주의 식단이 필요합니다.

화장품은 크림 타입을 피하시고 겔 타입을 이용하시는 것이 좋습니다. 여드름 피부는 모공을 막을 수 있는 미네랄 오일(석유정제 과정에서 만들어지는 부산물로 피부에 오일 막을 형성해 수분 증발을 차단하지만 피부 호흡을 방해하고 모공을 막히게 할 수 있다)을 포함한 모든 오일감이 있는 성분은 피하는 것이 좋으며 시어버터나 페트롤레이텀(바셀린) 등의 피부막을 형성하는 성분도 피하는 것이 좋습니다.

요즘 흔히 말하는 수부지(수분이 부족한 지성) 피부에는 반신욕이나 족욕 혹은 가볍게 걷기를 통해 피부 속 세포에 수분감을 채워 주는 것이 속 피부를 촉촉하게 만들어 주는 가장 좋은 방법이며 바르는 화장품은 최소화해 겔 타입으로 하나만 발라도 좋습니다. 하지만 피부 전체는 수분과 유분이 부족한데 간헐적으로 여드름이 있는 경우도 있는데, 이렇게 수분감과 유분감도 같이 부족하다고 느껴지는 경우에는 여드름이 있는 부위는 제외하고 천연 호호바 오일을 소량 사용하는 것도 괜찮습니다. 천연 호호바 오일의 분자 구조가 사람의 피지와 비슷해 유분감이 부족한 여드름 피부의 경우에도 소량 사용 시 피부의 모공 막힘의 부담 없이 사용할 수 있습니다.

무엇보다 모공 막힘을 유발하는 제품은 파운데이션이나 팩트 파우더 같은 피부를 커버해 주는 제품들입니다. 즉, 무엇보다 다이어트해야 할 제품은 바로 피부 커버용 제품들인 것입니다. 여드름 관리를 위해 커버용 제품을 잠시 쉬거나 가벼운 무기자차 선크림 정도로 커버하시는 방법을 추천합니다.

30대 여성의 여드름 피부 관리 TIP

1. 속 피부 촉촉하게 만들기: 가벼운 운동이나 반신욕 등으로 피부세포에 수분을 채운다.
2. 스트레스 관리: 명상 등을 통해 스트레스를 재운다.
3. 화장품은 천연 호호바 오일 소량과 겔 타입의 제품으로 피부를 관리한다.
4. 피부의 여드름이 잠잠해질 때까지 커버 메이크업 제품은 사용을 중지한다.

북큐레이션 • 평생 건강하게 살고 싶은 당신에게 추천하는 라온북의 책

《매일 피부가 새로워지는 화장품 다이어트》와 함께 읽으면 좋을 책. 탄탄한 자기관리를 통해 몸과 마음의 건강을 유지하는 법을 알려드립니다.

나는 다이어트 주치의가 있다

전승엽 지음 | 14,500원

**덜 먹고 운동해도 살이 안 빠진다면
다이어트 주치의가 필요합니다!**

'다이어트 주치의'인 저자는 이 책을 통해 사람들이 살찌는 각각의 원인을 과학적으로 설명한다. 시중에 유행하는 다이어트에 흔들리지 않도록 잘못된 다이어트 상식을 짚어주고 개인의 습관과 체질을 개선해 더 이상 요요 현상 없이 살을 빼주고 건강하게 살도록 안내한다. 부록에는 비만 원인 진단표와 인바디 결과지 해석법을 담아 내가 살찌는 원인을 스스로 찾고, 체질 검사 후 어떤 부분을 주의 깊게 살펴야 하는지에 알려준다. 이 책을 통해 내 몸에 맞는 다이어트 방법을 처방받는다면, 몸도 챙기고 마음도 챙기는 건강한 삶을 살 수 있을 것이다.

5일의 기적 당독소 다이어트

박명규, 김혜연 지음 | 14,500원

**비만과 대사질환을 한 번에 해결하는
'한국형 단식모방 다이어트'**

이 책에서는 5일 동안 근육 손실 없이 체지방 감량 효과를 누릴 수 있는 '당독소 해독 다이어트'를 소개하고 있다. 하루에 800kcal로 제한해서 먹는 것을 기본으로 하는데, 이로써 우리 몸은 굶지 않고 있는데도 마치 단식하고 있는 것과 똑같은 효과를 누릴 수 있다. 5일이 지나면 평균 2~2.5kg가 기본적으로 빠지고 최대 8kg까지도 체중 감량 효과를 볼 수 있다. 게다가 주변 사람들로부터 "요새 좋은 일 있어? 얼굴 좋아졌네. 피부가 맑고 투명해진 것 같아."라는 피드백까지 들을 수 있다. 5일의 기적을 경험하고 싶다면 이 책을 펼쳐보길 바란다.

마음껏 먹어도 날씬한 사람들의 비밀

김정현 지음 | 15,000원

요요 없이 누구나 쉽게 살 뺄 수 있다!
압구정 뷰티 전문 약사의 체중 감량법

압구정에서 10년 넘게 뷰티 전문 약국을 운영해온 김정현 저자는 식사를 제한하지 않고도 살을 뺄 수 있는 획기적인 다이어트 방법, '3PB 날씬균 다이어트'를 고안해냈다. 우리 몸속 장내 미생물에는 크게 '뚱뚱균'과 '날씬균'이 있는데, 이 책의 저자는 뚱뚱균을 줄이고 날씬균을 늘리면 마음껏 먹어도 살이 찌지 않는 체질이 될 수 있다고 주장한다. 뚱뚱균이 좋아하는 음식을 끊고 날씬균이 좋아하는 음식을 먹으면 아무리 먹어도 살이 찌지 않는다는 것이다. 요요 현상이 없는 획기적인 다이어트 방법을 찾고 있다면 '3PB 날씬균 다이어트'를 시작해보자.

다이어트 절대법칙

김동희, 조아름 지음 | 14,300원

운동에 대한 오해와 진실부터 체질별 식이요법까지
내 인생, 더 이상의 다이어트는 없다!

시중에 난무하는 잘못된 다이어트 방법으로 살이 빠지기는커녕 오히려 살이 잘 찌는 체질로 변하는 경우가 허다하다. 이 책에는 살을 빼기 위한, 특히 '체지방'을 감량하기 위한 저자의 노하우가 담겨 있다. 실제로 많은 환자를 성공적인 다이어트로 이끈 한의사 원장의 실전 다이어트 비법만 담았다. 자신의 체질에 맞는 올바른 식습관을 찾고 꾸준히 유지한다면 누구나 살이 잘 찌지 않는 체질이 될 수 있다. 이 책에서 당신이 살찔 수밖에 없었던 이유와 살찌지 않는 체질이 될 수 있는 해답을 찾을 수 있다.